高等学校建筑美术系列教材

建 筑 画

（第二版）

湖南大学　张举毅　编著

中国建筑工业出版社

图书在版编目(CIP)数据

建筑画/张举毅编著.-2版.—北京：中国建筑工业出版社，2004

(高等学校建筑美术系列教材)
ISBN 978-7-112-06126-6

Ⅰ.建… Ⅱ.张… Ⅲ.建筑艺术-绘画-技法（美术）-高等学校-教材　Ⅳ.TU204

中国版本图书馆CIP数据核字(2003)第091447号

本书主要内容包括：建筑画构图，光影布局，色彩表现，环境设置，绘画工具及制作，水彩、水粉及混合画法，喷绘法，马克笔画法，线描画法，钢笔画法，铅笔画法，电脑建筑画及鉴赏等。内容具体、阐述清楚、图文并茂、可操作性强。鉴赏部分选入了国内有关高校师生及设计院设计人员80幅优秀作品，以供学习和提高。

本系列教材适用于建筑学、城市规划、室内设计、风景园林等专业，也可作为美术爱好者自学用书。

责任编辑：王玉容
责任设计：郑秋菊
责任校对：赵明霞

高等学校建筑美术系列教材

建 筑 画
(第二版)

湖南大学　张举毅　编著

*

中国建筑工业出版社出版、发行（北京西郊百万庄）
各地新华书店、建筑书店经销
北京广厦京港图文有限公司制作
北京云浩印刷有限责任公司印刷

*

开本：889×1194毫米　1/16　印张：6¼　字数：300千字
2004年2月第二版　2011年11月第十九次印刷
定价：39.00元
ISBN 978-7-112-06126-6
　　　(12139)

版权所有　翻印必究
如有印装质量问题，可寄本社退换
（邮政编码 100037）

出版者的话

绘画是造型艺术，它可以提高人们的修养，陶冶人们的情操，与文学和音乐一样，其水平的高低与广泛性是社会进入文明程度的标志之一，随着社会的不断进步，学习绘画的人越来越多。

对从事建筑学、城市规划、室内设计及风景园林等专业的工程技术人员而言，绘画是应具备的基本技能，它在工作中占据着极为特殊的位置，担负着重要的职能。它是设计者必须掌握的一种工具语言，只有通过它才能把自己的思维和想像形象地表现于纸上，与他人进行对话，最后把想像变为现实。这种语言、技能和手段，即使电脑绘图逐渐普及的今天，即使社会进入了下个世纪，也只会加强，不会减弱。事实证明，机器终究是机器，它永远代替不了人。

高等院校建筑美术系列教学丛书已出版五本，即：《素描》、《水彩》、《水粉》、《建筑画》、《速写》。这五本自1998年5月出版至今已六个年头，这六年中，得到相关院校广大师生及美术爱好者的支持与厚爱，多次重印。

随着社会的发展和建筑美术教学的提高，这套丛书也应作适当修订。在修订中，为了适应新的教学要求，各册均在不同程度上对文字进行了修改和补充；撤换了部分作品；补充了一些新的范图、鉴赏图；将原丛书名"高等学校建筑美术系列教学丛书"改为"高等学校建筑美术系列教材"；还对封面重新做了设计，希望大家更加喜欢。另外，当年在组织这套教材时，原计划出版六册，即除上述五册之外，另有一册《色彩基础》。对学生来说，色彩基础是非常重要的知识，也是学好色彩绘画的基础，借着这次修订机会，将与大家见面。

这套教材是学习绘画所必须的基础理论和技法。它是由我国高等院校具有丰富教学经验、并长期进行绘画创作，具有深厚的实践经验和理论水平的教授、副教授编写的。在写作过程中又得到了几乎全国各建筑类院校老师和学生的关心和支持，所以也可以说它包含着集体的智慧和劳动。

这套教材的内容组织由简到繁，由单体到组合，从静物学习到室外写生，最后对名家名作和优秀作品进行鉴赏这样一个循序渐进、由浅入深的过程，每一步均配有大量的实例进行辅导和解释，内容全面系统。既注意到对基础知识和技能的培养，又注意到理论和艺术修养水平的提高。适合建筑学、城市规划、室内设计及风景园林等专业学生学习，也适合爱好绘画的初学者自学。

前面提到这套书的出版得到了广大有关师生的支持与厚爱，由于其广泛性，所以不能将姓名一一列出，在此，表示诚挚的谢意。

由于时间所限和一些具体的困难，书中肯定还会有一些不足之处，真诚希望老师、同学及广大读者给予批评指正。

最后愿这套教材的修订再版能使建筑美术教学更加活跃，对广大的美术爱好者有所裨益。

第二版 前 言

建筑画在我国建筑领域被广泛运用，还仅20余年的历史，随着时代步伐的快速发展，它也在日新月异地发生变化，大批善作此画的建筑师和建筑院校的美术教师，长期在这特殊的领地里大显身手，崭露锋芒，使原是平淡无奇的建筑设计效果图（或称渲染图、透视图），成了艺术和技术完美结合的作品。

作为高等学校建筑美术系列教学丛书之一的《建筑画》，从1998年出版以来，经过全国几十所高等学校的广泛采用，在短短几年内已重印多次，这是广大师生热情关注和支持的成果。为了能使此书更好地为高校服务，并结合形势发展的需要，所以近期对此书作了认真的修订。

本书编者长期在高校建筑学专业任教，大致了解作为建筑效果图的建筑画在社会上逐年的演变情况。从20世纪80年代初起，它经历了水粉、水彩水粉（同时有马克笔）、喷绘，再发展到电脑制作的过程。但是，建筑画作为一门课程，还是应使学生尽可能多方面地掌握上述各种表现技法，当然也可根据社会的需要作侧重的训练。

目前可以说是一个电脑林立的时代，因为它有准确快速的表现功能，所以工程设计人员、教师、学生都在努力掌握这门技术，这是时势所趋。电脑在专业设计的运用中，也可视为是专业设计、电脑与艺术三结合的产物，但在与规划造型、色彩等相关时，则应具有的作品格调和艺术韵致，却常是电脑所欠缺的，并难免显现过重的匠气和千画一面之感。据了解，国内在接触电脑较早的一些城市。特别是业主有较高的文化艺术素养者，又回复热衷于某些简洁的手绘形式，注重画面所能展示的艺术情趣，使其更能表达作品应具有的人文素养和至高境界。鉴于此种原因，此书在修订时，增加和提高了部分线描、设色作品的水平，以满足教学和实践的需要。

本书编写过程中，我的学生张伟和张蔚分别为我撰写了喷绘法和马克笔画法的素材，深圳市建筑设计总院第二设计院的李力撰写了电脑建筑画一章，张蔚和另一学生蔡凌又分别为马克笔画法和喷绘法作了图例，在此一并表示谢忱。

修订过的教材，希望能以新的面貌呈现在读者面前，但这仅是编者的主观意图，难免出现疏漏不周之处，恳盼同行和读者指正赐教。

第一版前言

改革开放，经济繁荣。

建筑画也随着时代的步伐快速发展，短短十余年的历史，它的面目已经日新月异，一大批中青年建筑师以其精湛的表现技法，开创了我国建筑画的新貌，而建筑院校的美术老师也在这股热潮中崭露锋芒，使原是平淡无奇的效果图，成了艺术和技术完美结合的作品。

建筑画除专业设计知识外，其表现技巧，更多的属于绘画领域。本书拟从绘画艺术包含的种种因素予以阐述。建筑画虽然形式众多，但其表现技巧总包含着色彩和技法两大范畴，故本书又侧重在建筑画的色彩特性和技法表现方面。在技法表现中，水彩、水粉和线的运用可谓它的基本技法，则此书近乎一本绘画技法书，希望读者能从中有所裨益。

建筑画似逐渐演变成一个独立的画种，故本书所选作品，尽量以审美的观念，提高其艺术品味，并试图改变建筑画创作中过于呆板而缺乏感性的创作方法，建筑画虽为建筑设计服务，但总不能降低为仅是一纸说明图的作用。

本书集我国十余所高校建筑系师生和十余家设计院设计人员的部分作品，对热诚赐稿的作者，致以诚挚的谢意。

本书编写过程中，我的学生张伟和张蔚分别为我撰写了喷绘法和马克笔画法的素材，深圳市建筑设计总院第二设计院的李力撰写了电脑建筑画一章，张蔚和另一学生蔡凌又分别为马克笔画法和喷绘法作了图例，在此一并表示谢忱。

编写本书，既表示了编者的主观意图，却又难免出现疏漏不周之处，恳盼同行和读者指正赐教。

1998年5月

目 录

第一章　绪论 ………………………………… 1
第二章　建筑画的构图 ……………………… 2
　　第一节　饱满适中、完整平稳 …………… 2
　　第二节　尺度合理、透视统一 …………… 3
　　第三节　高、低视平线，各展其长 ……… 5
　　第四节　重点刻划、制造中心 …………… 6
第三章　建筑画的光影布局 ………………… 8
第四章　建筑画的色彩表现 ………………… 9
　　第一节　不同画种的色彩要求 …………… 9
　　第二节　色调和谐调 ……………………… 9
　　　一、色调 ………………………………… 9
　　　二、谐调 ………………………………… 10
第五章　建筑画的环境设置 ………………… 11
　　第一节　天空 ……………………………… 11
　　第二节　地面 ……………………………… 11
　　第三节　树木丛林 ………………………… 12
　　第四节　草坪花圃 ………………………… 12
　　第五节　远近山脉 ………………………… 12
　　第六节　车辆人物 ………………………… 12
　　第七节　小品设置 ………………………… 13
　　第八节　室内环境 ………………………… 14
第六章　建筑画的常用工具 ………………… 15
　　第一节　建筑画的常用纸笔 ……………… 15
　　第二节　色纸及制作 ……………………… 15
　　第三节　裱纸 ……………………………… 16
第七章　水彩、水粉画法 …………………… 17
　　第一节　水彩、水粉混合画法 …………… 17
　　　一、天空 ………………………………… 17
　　　二、地面 ………………………………… 19
　　　三、玻璃 ………………………………… 20
　　　四、远山远树 …………………………… 22
　　　五、墙面 ………………………………… 22
　　　六、车辆、人物 ………………………… 25
　　　七、小品设置和近树 …………………… 25
　　第二节　水彩画法 ………………………… 25
　　第三节　水粉画法 ………………………… 25
第八章　喷绘法 ……………………………… 27
　　第一节　喷绘法的特点 …………………… 27
　　第二节　喷绘法的制作步骤 ……………… 27
　　　一、准备 ………………………………… 27
　　　二、喷绘 ………………………………… 27
　　　三、绘制 ………………………………… 27
　　　四、注意事项 …………………………… 27
第九章　马克笔画法 ………………………… 29
　　第一节　概述 ……………………………… 29
　　　一、马克笔分类 ………………………… 29
　　　二、马克笔画用纸 ……………………… 29
　　　三、日本制的 YoKen 系列介绍 ………… 29
　　　四、马克笔运用 ………………………… 29
　　第二节　马克笔作画步骤与方法 ………… 30
第十章　线描画法 …………………………… 32
　　第一节　线描画法 ………………………… 32
　　第二节　钢笔淡彩画法 …………………… 32
　　第三节　马克笔画法 ……………………… 33
第十一章　钢笔画法 ………………………… 33
　　第一节　白、灰、黑三色的功能 ………… 33
　　　一、白色 ………………………………… 33
　　　二、灰色 ………………………………… 33
　　　三、黑色 ………………………………… 34
　　第二节　钢笔画的表现形式 ……………… 36
　　　一、素描画法 …………………………… 36
　　　二、装饰画法 …………………………… 36
　　　三、徒手画法 …………………………… 37
第十二章　铅笔画法 ………………………… 37
第十三章　混合画法 ………………………… 38
第十四章　电脑建筑画 ……………………… 38
第十五章　鉴赏 ……………………………… 39
　　一、室外效果图 …………………………… 39
　　二、室内效果图 …………………………… 74
　　三、电脑效果图 …………………………… 90

第一章 绪 论

建筑画在我国似乎是从 20 世纪 80 年代才兴起的一个新画种，也可以说从该时起才出现的一个新名词。

在过去漫长的年代里，建筑设计领域里一直称它为透视图、渲染图，或俗称为效果图。那么，不论它属于何种名称，顾名思义，它是直接为建筑设计服务的，它是建筑师根据建设单位提出的设计要求，在作出平面、立面、剖面图后，所作的预想效果图。

一张建筑画，应充分反映创作者的设计构思，要与平面、立面完全吻合，并把建筑的造型、体量及高、深、宽度等作充分的表达。由于建筑画是以绘画形式在纸面上作创造性和理想式的描绘，表现手法比较自由，它是建筑模型不能替代的，尤其对建筑材料的种类、质感和色彩都能作如实的表现。任何建筑都有它相应的环境，所以建筑画还应就其周围的远山近水、毗邻屋宇、庭园花圃、广场车坪、水池道路和小品设施等作合理的安排。一张好的建筑画，在观者的视觉印象中，能使其有身入其境的感觉，那才能达到完美的境地。

所以建筑画是建筑师沟通建设单位或使用者之间的桥梁。也可以说是设计方案的宣传品或广告，尤其在市场经济激荡的浪潮中，建筑业的竞争也愈为明显，在这特定的氛围中，建筑画也成了投标争胜的工具。

建筑画是现代建筑师和建筑学专业学生应该掌握的一门专门技术，它包含了绘画的色彩知识、透视理论和多种表现技法，又结合了工艺美术的某些基础知识，当然更应有建筑设计本身的专业知识，所以，建筑画是内涵了多种因素的产物。

一幅好的建筑画，应匠心经营其独有的意境情趣或气氛时尚，对不同类型的建筑应采取不同的立意，如住宅别墅的安宁典雅，幼儿园和学校的活泼朝气，公共建筑的热闹活跃，摩天大楼的高耸挺拔，工业建筑的简洁有力等，都应区别创作，这正是作者艺术修养和表现技能的展示。

随着时代的发展和改革开放的深入，我国的经济也日趋繁荣，人们的生活水平和居住条件都不断改善，为此，室内设计和室内装修也迅速发展，这也是建筑师们乐于从事的颇具艺术性的课题。

短短十余年，我们抛弃了前数十年"干打垒"的桎梏，我国的建筑艺术有了突飞猛进的改观，过去出现在设计图上几根简单线条的透视图，或色彩贫乏的渲染图，已难以表现今日如此丰富多采的建筑类别及其造型特色，建筑师们在熟谙多种表现技法的同时，电脑建筑画已逐渐兴起，不少建筑师就其所具备的设计技术、艺术修养和电脑知识，以电脑建筑画所显示的功能，与真实的建筑和环境完全相似，画面近似印刷品，已为多数业主和建筑师乐于接受和采用的形式。

建筑画在我国以极为迅猛的速度发展，多种表现技法与国际上常见的形式接轨，它以崭新的面貌跻身于建筑艺术和绘画艺术的行列，犹如画坛上出现的一个新的独立的画种。

第二章 建筑画的构图

任何绘画品种都有表现的主题，主题所含的内容能否畅达地反映于观者面前，并能引起观者心弦的共鸣，则画面的构图常起主宰的作用。在构图合理的安排下，通过画面所描绘的主题的造型、色彩，画种特有的技巧，并透视效果等因素予以表现，所以构图是任何绘画品种首先涉及的内容，建筑画也不例外。

建筑画也许是主题内容的一致性，构图总难免类似，为此，应采取一些合适的手法，使其取得完美的效果。

第一节 饱满适中、完整平稳

建筑是建筑画永恒的主题，它似绘画作品（水彩或油画等）中以建筑为主体的风景画，但两者在构图布局时，构思和手法不尽一致，创作的目的也各相异。建筑画是为介绍和宣传设计方案而作，有其本身的功能，而一般风景画则为纯欣赏品，多数无具体的目的要求。所以前者的构图，建筑总被安置在最突出的位置，在画面上占有较大的面积，不着意追求参差交错或遮隐阻挡之趣，一切配景仅起烘托作用；而后者构图中的建筑，或完整突出，或掩蔽不全，也可在配景映衬中处于虚远处或旁侧。由此可见，两者构图布局的手法差距甚大。

建筑画的构图应力求饱满适中，完整平稳，一切从属物象应错落有致，关联呼应，使观者对其有主从明确的良好感受。

建筑的类型、性质、造型、体量等各不相同，在饱满完整的前提下，以视平线的高低，视点或灭点所取位置的不同，可使画面产生不同的效果。

就室内设计而言，不论是宾馆厅堂还是家庭居室等，各具有不同的设计手法和装修规格，内容繁多，性质不一，可以其陈设布局、应用功能、建筑材料和光线处理等作为重点渲染的内容，或求庄严整齐，或作富丽豪华，或现清新活泼，或为简朴素雅，根据不同的内容，采取不同的构图形式。

建筑虽在画面所占部位突出，且面积较大，但并非指建筑总处在一种"特写"的景况中，可依建筑体量的大小和不同的造型等，在构图中索求应有的艺术趣味。为此，建筑在画面所占的面积以适量为宜，若体积过大，则周围环境诸物随之加大，画面会拥挤闭塞，缺乏纵深开阔的视野（图例1）；若体积过小，则天地增大，景物增多，建筑与景物主次不明，画面显得庞杂分散（图例2）；另外，建筑在画面所处的部位过高或过低，都会造

图例1　建筑体积过大，画面拥挤闭塞

成分量不匀,轻重不稳的视觉印象。所以,只有使建筑与四周景物比例谐调,所处部位适中,才能主次分明,求得一个合适完整的构图(图例3)。

图例 2　建筑体积过小,主次不明

图例 3　建筑大小适中,构图较完整

第二节　尺度合理、透视统一

不论何种类型的建筑,也不论其体量的大小,当其出现在画面上时,为表明其特定的环境或地理位置,都按需配置远山近水、树丛花圃、栅栏灯具、车辆人物或毗邻屋舍等。这些景物统称为配景,配景既是必不可少的从属内容,又对烘托主体起着重要的作用。

在安置这些景物时,既要安置其合理的尺度,又要使其与主体建筑统一透视,这样才能使构图中的主次物象谐调匀称,形象逼真。

以上浅易的道理,建筑学专业的学生,或工程设计人员都很了解,并都掌握了应有的专业知识,但在实际创作中,却又往往屡犯基本原则。如为了追求构图新颖,将高大树木置于最近处,既无树冠,也无树根,建筑似在树木隙缝中站立。像这样的无冠无根之树,其实际高度,成为画面所见部分的若干倍,不论何种建筑与其相配,仅似幼儿游玩的积木而已(图例4)。为夸张建筑的高挺硕大,又无故缩小近景中的车辆、人物或其他景物,这种不合比例的无故变形,致使画面主次物象的尺度不准,怪异失真。有的则随意摆布物象的透视效果,画面上仰视、平视和俯视同时出现,使同一画面有多种视平线。常见的是车辆、人物和主体建筑的透视不统一,视平线高低不一,诚可称为"汽车上天"、"人物入地",从而破坏了画面的统一性和完整(图例5)。

图例4　近处的树木庞大,建筑如在隙缝中

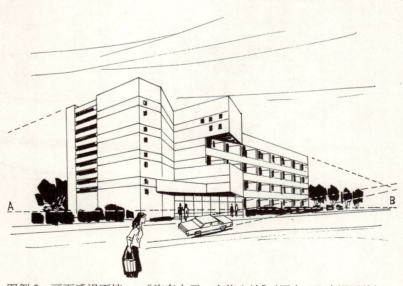

图例5　画面透视不统一,"汽车上天、人物入地"(图上AB为视平线)

纠正建筑物与配景(车辆、人物)之间的尺度较有效的方法,是以建筑底层或底层入口的高度为基础,定出近处人的高度或树的高度,以人或树的顶端和底部画透视虚线与视平线上相应的灭点相连,这样可以求得远近各处的人和树的高度(因为底层或底层入口处的高度,都有基本概念的尺度,不会超乎常规盲目增高或降低)。依此类推,在远近各处,以贴近的人或树为基础,求得合乎比例的车辆或其他景物(图例6)。若灯杆、树木等都为等距离设置,则应以等分的透视原理求得等分点,只凭粗略的感觉徒手划分,绝不能得到准确的效果。

另外,为突出主体建筑,除车辆人物以外的从属景物,若无特殊要求,多数可作中、远景安排,使其不因过高过大而削弱主体，或虽有硕大无比的山脉等，但在色彩处理上，可采用减弱的手法使其置于虚远处，同样可以突出主体。以俯视手法作的建筑画，由于视平线较高，远近物象的高低大小差距缩小，所以较少出现尺寸欠准的现象。

图例6 纠正建筑与配景之间尺度的有效方法（图上AE为视平线）

第三节 高、低视平线，各展其长

同一幅建筑画，若采用的视平线高低不同，所取得的效果也不一样。

(1)高视平线地广天仄，前后阻挡少，层次清晰，群体建筑及小区规划常采用此法(图例7)。

(2)低视平线天广地仄，建筑物经透视后的效果或显得高大挺拔，或显得深邃辽阔(图例8)。如闹市区的高层建筑，为夸张并突出其高度，可用低视平线，使建筑物有高耸向上之势，似比实物显得更高、更大，前后景物也由于低视平线的作用，其重叠遮挡，使高层建筑周围的高低树群、车辆人物等，都在似隐似现，似露非

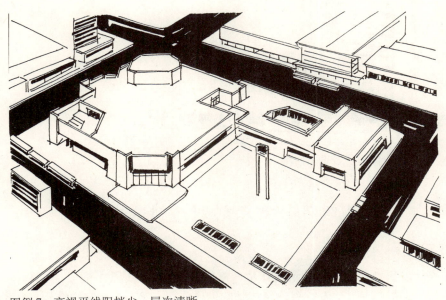

图例7 高视平线阻挡少，层次清晰

露之中，制造闹市氛围，使仄而不多的地面，产生了含蓄平稳的远近透视感。

(3)住宅别墅等小型建筑，为追求其宁静典雅的情调，也常用偏低的视平线，使建筑安置在一个平坦幽深的特定环境中。

各种视平线的运用，并无固定的模式，应按实际需要设置，为的是突出建筑创作的构思。如某些高层建筑，为渲染其裙房顶部的特殊平台，或反映建筑所处的地理位置等，使建筑的某个部位或远近环境都有明确的交待，采用高视平线会优于低视平线。

建筑画也许有它自身的特殊语言，就其原理而言，近大远小是透视的基本原则。任何建筑愈往高处，层高显得愈矮，以最高顶层为最矮，且其外墙两侧也逐渐变形，愈往上就愈向内倾斜，这是透视所致。若以此原理画建筑透视，则任何高层建筑都形似宝塔，旁侧毗邻建筑也随主体建筑向左右倾斜，大部分建筑均有不稳和倾倒之势，构图显得怪异。

为弥补此不足，建议在建筑画中，对建筑的层高免去其透视变化，自上至下等分，把高层建筑两侧外墙轮廓逐渐向上向内略作倾斜，而靠近外缘轮廓的窗格等竖向等分线也不要绝对垂直，应由外向内略作倾斜(图例9)。若高层建筑的外墙不向内倾斜，则愈往高处会显得愈大，使建筑有不稳定感。同样，与主体建筑靠拢的毗邻建筑，也顺势向左右略作倾斜，使画面统一。

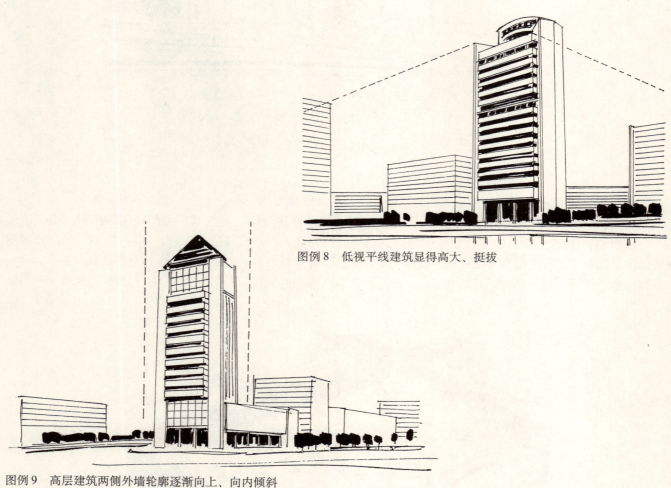

图例8 低视平线建筑显得高大、挺拔

图例9 高层建筑两侧外墙轮廓逐渐向上、向内倾斜

第四节 重点刻划、制造中心

画面视平线的高低及灭点所起的透视消失作用，常能突出建筑的造型特征。

精描细绘某些建筑的局部精华，着意表现建筑师的创作构思，或润饰建筑的结构、构造特色，也是创造趣味中心的内容之一(图例10)。

建筑材料中色泽丰美的有色和无色玻璃、镜面玻璃、磨光花岗石、彩色陶瓷面砖、彩色墙面涂料等,都有其各自的性能和质感:如玻璃的透明,清澈而能反射;花岗石和大理石的光滑,洁净可显倒影;金属的锃亮,闪烁而耀眼……,建筑画中应尽情逼真的表现,以此制造材料质地和色彩的中心。

画面光线的布局,建筑画中可随意运用,不受任何限制,有时可采用有似舞台追灯的集中光束,也借以表达建筑的局部精到之处,在光束集中处明亮细腻,四围相应减弱,这是以光线的明暗对比制造的趣味中心(图例11)。

能以意境作为画面的中心,是建筑画的上乘之作。要使笔墨和境界兼存,意境要有情,有情能夺人。这就要求建筑师的笔墨精工焕彩,才能创造情景,创造以笔墨情景感染人的佳作,并拓宽观者的胸怀和视野。

图例10　精雕细刻建筑的局部精华,制造画面中心

图例11　利用光线布局,制造画面中心

第三章 建筑画的光影布局

　　一幅实地写生的风景画，其朝暮阴晴或明朗晦暝，都为大气自然所支配。而作为一幅建筑画，是作者按建筑设计需要主观创作的效果图，其画面所现的季节、时间和气候等，都可由作者自由支配，最终是在光影的合理布局中突出主体建筑，并以光影布局所示的效果，渲染建筑及所处环境等诸因素。

　　天、地和建筑(除室内)是建筑画永恒的基本内容，也是画面所占面积最明显的三大部分，所以应该在这三者的互比映衬中，并根据季节、时间、气候，甚至地域的处置，使画面谐调得体。

　　建筑画的光影布局，比一般绘画作品略为概括，不过多追求繁琐多变的层次，讲究单纯、简洁的整体效果，似在白、灰、黑三个层次的谐调中，也即在浅、中、深三个色调的运用技巧中求得应有的效果。也许是画种本身的使命所属，画面上的建筑常被安置在比较明亮的部位，而建筑画多数描绘的是晴朗天气，为增添某些画面的特殊气氛，有时也以夜景或晨曦晚霞作润饰，一般不作阴霾雨景。所以建筑画的光影布局常近似程式化或规范化的格式。下面介绍几种处理方法：

　　如建筑为浅色，处在较强阳光照射下，其天空、地面和周围环境可呈深浅不同的灰色，以此突出浅色亮色的建筑(图1、2、11、19、23等)。

　　如建筑为深色，虽也处于较强阳光照射下，其天空、地面和周围环境应有适当亮度，可呈浅色或较亮的灰色，以此与深色的主体形成对比(图10、36)。

　　晨曦晚霞中的建筑处于逆光中，绚烂多彩的天空色和周围环境都要减弱，否则难以使建筑成为主体(图16、20、31)。

　　夜景是表现商业建筑、酒家、娱乐场、歌舞厅等常用的形式。夜景虽然色泽深沉，却可以其浓重黯淡的天、地色烘托繁华热闹的车水马龙和闪烁华丽的五彩霓虹，构成缤纷灿烂的都市夜景。夜景中天、地既已处于深色，建筑要以较亮的浅色与其对比，甚或以射灯式的光束照明以突出主体。以皓月当空的象征性手法，配以浓重的树丛，包围浅色的建筑，可突破常用的手法(图6、8、9、76、77)。

　　以写实手法表现晨曦晚霞或夜景时，其天、地、建筑和一切景物，都处在一片朦胧而深沉的氛围中，虽有晨光、残阳或灯光，大部分物象的轮廓仍显得模糊不清，绘画作品有以此表达朝晖暮霭或夜幕的特有光色和情致的，但以此手法作建筑画，实难达到其应起的作用。为此，建筑画在表现这类题材时，常违反真实的光色、光影现象，以夸张而略具装饰性的手法予以润饰，画面上除天色较为浓重外，建筑仍处在似有光照的景况中，以亮色为主，其表现手法与白天相同，黎明、黄昏和夜色的气氛主要靠天色、灯光示意。

　　在室内设计作品中，应强调光影的集中和夸张，并就室内陈设的精华部位着意精琢细磨，诸如设计手法的精巧独特，建筑材料的质地质感，特定环境的气氛功能，或物件景象的色彩运用，都是烘托室内环境不可缺少的内容。卧室、起居室可用偏冷或偏暖的亮色，抒发一种温馨宁静的情味；报告厅等庄重肃穆可用略微偏暖的色泽渲染；商场、商店可以笼罩在一片繁花似锦的景象中；酒家、歌厅可用闪烁跳跃的光色映衬其富丽活泼的场面……。

第四章 建筑画的色彩表现

第一节 不同画种的色彩要求

凡以色彩表现的任何画种，其色彩、技巧的理论知识都是一致的。

但各画种因工具材料及其性能的区别，或因功能作用及其性质的不同，对色彩表现要求也不一样。

油画、水彩、水粉等一些纯绘画性的作品是以欣赏为主，在色彩的表现技巧中，主要运用色彩的色相、明度、纯度、冷暖关系及色彩谐调等知识，进行写生或创作，在画面取得谐调的前提下，对色彩中补色和冷暖色的运用技巧，可能是作品色彩成功的关键。

宣传画和商品广告，都有其明确的目的，画面所取色彩以鲜艳、强烈为主，舍弃了很多中间层次的色彩，用夸张对比的手法，刺激观者的视觉和心理，以达到预期的效果。

工艺设计多数为产品或商品服务，根据不同的品种，以明丽醒目的色彩，采取略具抽象或装饰性的手法，用色块、线条、晕染等技巧唤起人们视觉的共鸣。

建筑画专为建筑设计方案服务，其造型近于写实，而表现手法兼绘画和工艺设计技巧的双重性，色彩也在写实、抽象和装饰性之间经营最佳的形式，而又更多地追求色彩的单纯和谐调，舍弃了复杂纷繁和强烈刺激的色彩效果，侧重冷暖色彩的运用，简化补色因素。

第二节 色调和谐调

建筑画在统一谐调，柔和单纯的概念中寻求色调，以合适的色调表现其设计的主题。

一、色调

色调，也即画面总体倾向的色彩效果，这种色彩效果，是在某种或数种色彩的统筹摆布中产生，也即使画面上的各种色彩，在种种色彩因素的相互作用中，组成有明显倾向性的色彩感，可谓色调。

由于地区、种族、文化、信仰、习俗等不同，对色彩或色调的感受也不一样，此外，色彩或色调还对人们的视觉或心理赋予种种不同的感受，并在人的心态中形成一种共鸣。

以色彩中的红、橙、黄诸暖色组成的色调，显得热烈、繁荣、富丽、豪华；以青、蓝诸冷色组成的色调，感到清丽、平静、抒情、典雅；以绿、紫诸中间色组成的色调，展示温和、丰富、朴素、安宁。有了这些感受，可以从大致相同的习惯来分析色调在建筑画中的运用：

政府行政机构、办公室、纪念馆、纪念碑等，属严肃庄重的性质，色调宜用偏暖偏灰的色彩，可表现其肃穆端正或雄壮伟大。

商场、歌舞厅、娱乐场所等，为热闹活泼的活动场所，色调可用较暖较艳的明亮色彩，以显示其繁荣丰茂或华丽活跃。

住宅、别墅是人们赖以生活和休息的地方，色调可用偏冷的鲜丽色彩，创造一个静谧幽雅和舒适安宁的环境。

一些专题性的自然博物馆、地质博物馆等，是人们吸取知识的公共场所，色调可用暖灰色，能体现丰富博大、稳重和谐。

人们日常生活的卧室、起居室，主要用以休息，色调可用中间色为主，使人们在休息时能感到温馨亲切、舒适惬意。有条件者，还可就季节的变化而改变室内的色调，冬寒夏暑气温悬殊，若冬日的主要陈设改用暖调，夏日的布置改用冷调，生活的天地会另创一番情趣。

商场内景，人货共存，人流如梭，货物层叠，色调宜在暖中降温，以中间色调为主，使其与艳丽夺目，丰茂繁杂的货品互为呼应。

歌厅舞厅的外观已缤纷灿烂，室内可选用中间偏冷色，在光色变幻的动势中，制造一片朦胧神秘的氛围……。

上述种种，并非定律，仅是一般常识而已，因色调除上述因素外，还得考虑建筑所处的地理位置和周围环境等，所以应因地因景而异，才能尽善尽美。色彩和色调的作用，有似虚幻，但运用得当，其魅力直接影响人的心理，滥用色调，必会粗俗平庸，低劣失真。

二、谐调

谐调即调和，要达到谐调的目的，应妥善运用色彩的均衡、对照和照应的知识。

(1)均衡。就是把包括明度、纯度和色相在内的各种色彩的量，就其在画面上所占的面积互作比较；又把各种色彩所含的冷暖因素及其所属华丽、朴素、光滑、粗糙等品质也在画面上作比较。这些比较，有时是画面上各种色彩所占的面积基本相等，其所含的各种因素、品质也大致相同，这是等量等质的比较，色彩必然均衡；有时是画面上各种色彩所占面积大小悬殊，这就要在悬殊的面积中调整色彩的因素、品质，使大面积色彩的因素、品质减弱，小面积色彩的因素、品质加强，这样也可得到均衡的效果。

(2)对照。当画面色彩在不均衡的情况下，找出其相应性，采取措施，求得谐调。这种方法是在各种色彩的因素、品质优劣差距甚大的情况下作对比，如明与暗对比：大面积亮色包围小面积暗色，或大面积暗色包围小面积亮色。又如冷与暖对比：大面积冷色包围小面积暖色，或大面积暖色包围小面积冷色。还可采用纯和浊、艳和素等对比，在这些对比的总效果中达到谐调。

(3)照应。是指色彩与色彩间的类似关系。要求画面上的某种色彩整体地统治画面，或割裂的分布在画面上，不论整体统治或割裂分布，彼此都有从属和依存作用，那么画面色彩必为相互关联，从而形成了画面的主色调，主色调既定，画面即谐调。

均衡、对照、照应是探求色彩谐调的三要素，色彩既已谐调，色调自然产生。

第五章　建筑画的环境设置

　　建筑画中的主体建筑不能孤立独存，除特定的地理环境外，还应有合适的环境布置，才能渐臻完整。

　　环境设置包括天空云彩、远近树丛、花圃草坪、街道路面、车辆人物等，也常根据建筑的类别和地域位置，设置路灯、栏杆、雕塑、水池、坐椅、停车场等小品。我国幅员辽阔，资源丰富，既有不同的地貌，又有丰美的树种，这些都是表明地理特征的内容。

　　建筑画应根据建筑所处的地域及其本身的类型，布置确切的环境，才能抒发它潜在的境界神韵。

　　下面就环境中设置的物象，概述其特征和作用。

第一节　天空

　　天空虽非建筑画画面的主体，也无复杂的形象，但它在建筑画中占的面积一般都偏大，所以常主宰着画面的色调，映带画面的气氛，天空又是反映季节和时间的主要因素，不同的天色，会表达相异的情调。

　　晴空云天、平展天宇，建筑披罩着灿烂阳光，温暖夺目；无云苍穹、阴晴天光，建筑矗立在平静的天幕下，安详平妥；皓月夜空、晨光暮色，建筑包围在万家灯火中，处处繁花似锦，或沐浴在绚丽彩霞下，深沉稳重……。

　　天空的配置，可以建筑的类型、体量、造型及环境等因素慎作运筹。

　　高耸硕大的商厦、宾馆、公共建筑或工业建筑等，体量大，造型复杂，毗邻建筑繁多，可平涂天空色，不论表现何种气候，浩瀚的长空，平展在建筑后面，使简与繁在对比中互相映衬。

　　造型简洁，或体积较小的住宅、别墅等单幢小建筑，无毗邻屋宇交叠，也无参差交错的路面，可衬飘拂轻飏的云天，增添画面的景观，丰富画面的色彩。

　　闹市区的商城、酒家、娱乐场所等，为展示其繁盛活跃的景象，常铺以黝黑黛色的夜空，或加设人工配置的光束，使其在深沉的夜色中，仍现闪烁缤纷……。

　　天空在画面上虽然所占面积较大，但仅起陪衬作用，不能过于渲染，以防喧宾夺主。

第二节　地面

　　地面，平淡无奇，多数平展直铺，无奇特的造型，不论何种材料的地面，仅是质地和色泽的相异，但它却似支撑建筑的基础，在画面上与天空遥相呼应，共同影响画面的色调。它受气候、时间、光线和环境的影响后，会改变其原有的平板形象，在特定的氛围中发生变化。

　　建筑物和配景的投影，投射到地面上后占很大面积，在掌握了科学的投影知识后，能使简单的投影形象，改变画面上过多平线、直线的弊端，使本是略现呆滞的构图，即时显得生动活泼。建筑的投影，边缘是规正的直线；树木、树叶的投影，或呈非规范化色块、色线，或呈圆形、半圆形和弧形圆点，树木、树叶间的投影空隙，斑驳而有闪烁的波动感……，此种种投影的轮廓，正好改变和美化了地面的形象。

　　城市道路，常由市政环卫部门以专用洒水车喷洒路面，目的是为了除尘、降温，或对某些路边树木略作灌溉。这喷洒过的路面洁净光亮，虽不似水面晶莹剔透，却也有一种朦胧虚幻的反射作用，不论是晴天还是夜晚，路面的倒影和反射光，大大增添了原有路面的情趣。建筑画上常不分阴晴朝暮，以夸张对比的手法描绘倒影，使原先平整无华的路面大为增色。

　　在已画成有投影或倒影的路面上，画一二根与建筑同方向消失的辅助直线，能增加路面的透视进深感或倒影的透明感，这直线有时还修整或覆盖了原来画得略显凌乱的倒影水渍。辅助直线只往单向消失，避免左右双向同画，否则路面会出现双向交叉线，影响路面质感。

第三节　树木丛林

树木丛林，苍翠葱郁，繁茂丰盛，既美化绿化了环境，又有很多实用价值，人们钟爱树和林，对其赋有特殊的情感，是人们生活中不可缺少的部分，是任何室外建筑画中着意经营的内容。

幅员广阔的地球表面，地域和气候的变化颇为悬殊，使树木的种类也很丰富，就我国而言，亚热带的油棕、椰树，北方的白桦、红松，平原的杨柳、樟树，山区的杉树、松树都是因地制宜的产物，所以有具体地理环境的建筑画，树木还有助于区别它的地域位置。

树木种类庞杂，形体高大，有的树形多姿，有的叶形秀美，出现在画面上时，应组合自如，可相邻而立，或交错互倚，避免单枝独生，孤立无依。

散布的树木在画面上可作中近景安置，丛林都作中远景漫铺。布局要注意它与建筑的从属关系，力避主次不明。

第四节　草坪花圃

草坪花圃也是人们生活环境中不可缺少的内容，它与树木丛林共创一个秀美的绿色世界。

住宅小区、学校、文化宫、别墅等建筑，都企求在其周围有片片幽雅的绿地，房前屋后，道边路侧，都是铺展草坪花圃的合适地段，草丛花簇，不仅给人美的享受，也创造了良好的休息健身场所。

现代城市一些大型公共建筑的前后或旁侧，都有较开阔的绿化地带，与车道、停车坪等关联呼应，共建一个花园式的购物、娱乐天地，并构成了本地段一片优美环境。

草坪花圃都作成片成段铺设，少作零星孤立的点缀，故表现时也作整体描绘，不作小片独枝的刻画。

第五节　远近山脉

根据特定的地理位置，建筑画上设置远近山脉。山脉按需布局，并非在每幅建筑画上出现。

绝大部分山脉都作中远景布置，若作山野乡居图时，山脉的局部成了主体近景，并与四周的山林树木、坡道台阶或山涧细流组成极为抒情的画面。

远近山脉多数表现其虚远缥渺感，略示体积即可。城市高层建筑的顶部与山脉的高度有冲突时，应妥善利用视平线设置的技巧，尽量降低山脉的高度，以突出建筑。建筑应出现在峰峦至高点的旁侧，不该安置在两个山巅的中间，以避免其滞呆感。山脉的峰峦可呈锯齿状，有高低起伏的趋势。

第六节　车辆人物

当今的城市建设日新月异，造型新颖的建筑似雨后春笋，建筑群前，轿车、巴士在宽敞的大道上往返穿梭，男女老少在步行区内漫步或急行，一派现代都市的景象。

品牌媲美的汽车造型，竞相争艳的人群服饰，与参差有序的建筑群体，共同组成一幅色泽鲜丽的城市风景画。

画中车辆、人物的配置多寡不论，可视画面需要而定。数量较多时，为防止其尺度的偏差，尽量不要远近悬殊太大，并使其底部靠近建筑的墙根或人行道边缘线布置。

一些中小型建筑前，仅点缀少量车辆和人物，略示气氛。

第七节　小品设置

现代城市中一些高层建筑，多数属综合大楼性质，往往集商场、宾馆、写字楼、酒家、公寓等若干内容为一体，在众多类型之间，对建筑的使用都有其各自不同的要求和目的，故常就层次的高低装饰各种醒目的物件：如涂刷、镶嵌单纯的色彩和文字；悬挂商业广告和霓虹灯管等。目的都是为其行业作宣传，同时也成了城市方向的指南（图例12）。中小型建筑如文化宫、学校、幼儿园、住宅小区等，为实用需要，或为美化环境，在建筑周围的合适位置，设置灯具、坐椅、台阶、水池、休息亭等小品，与主体建筑自然地融为一个整体（图例13）。城市马路的快慢车道标志、人行横道线、安全路标、斑马线等，都犹如一幅幅巨型图案画，装饰着朴素无华的马路，使其披上彩装（图例14）。

图例12　小品设置举例

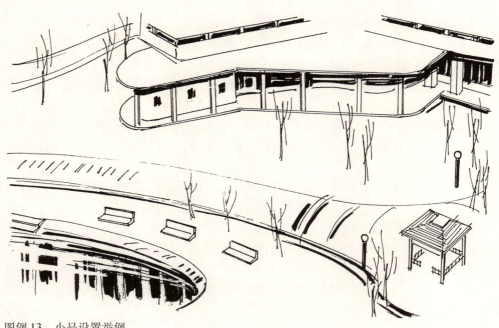

图例13　小品设置举例

图例14 路标及斑马线等具有装饰路面的效果

第八节 室内环境

室内环境内容广泛，名目繁多，各类建筑的要求不一，性能各异。

(1) 商场。有出入口、上下楼梯、自动梯、电梯、货柜、货架、付款处、洗手间等，有的商场附设小型餐饮部。大城市商场的货品除日用百货外，还包括家居生活必备的粮食、点心、肉禽蛋、蔬菜瓜果和生熟菜肴等，配有封闭的和敞开式的冰柜，有的大型商场甚至销售重工业产品，如汽车轮胎等零配件及游乐场的大型蹦床等物品，其货柜、货架已不是人们概念中的模样，采取仓库式的仓储货架，高大实用而无华，货物成捆成包堆叠在货架上，大大节约了空间，顾客拿取后，用手推车推到出口处付款。商场内部的各类光源光束和穿梭人群，也是组成总体环境的必备内容，光影下，在人与人，人与物的接触中，构成了一派极其繁华的景象。

(2) 宾馆。按规格的高低，配有套房、客厅、小型会议室、卧室、洗手间诸内容，室内吊顶、地面、墙面、灯具、家具、生活日用品陈设等，宾馆除生活设施外，设有总服务台、各层服务台、各层休息室、行政设施、中西餐厅、上下楼梯、电梯、通讯、娱乐场、医疗卫生设备等，宾馆各类用房用材考究，装修豪华、高雅，一般家庭无与伦比。

(3) 娱乐厅，包括歌舞厅、影剧院等。前者有交际场所、小舞台、酒吧、专用音响和灯具设备等，装修艳丽轻盈；后者有舞台、观众席、休息厅、放映室等，装修华而不艳，以舞台演出形象为主，故不似歌舞厅等着意渲染。

(4) 博物馆等公共场所，是人们摄取知识或缅怀历史的场所，除常有的行政设施和公共设施外，有各类专用的箱、柜、牌、匾等，一般装修严肃大方，或简洁朴素。

(5) 住宅。不论面积大小，总有卧室、起居室（或客厅、书房）、饭厅、阳台、厨房、卫生间及一切生活设施。住宅装修可舍弃上述各类建筑所含豪华、艳丽、严肃、壮丽等因素，因为这是人们生活作息之处，可以素雅恬静为好。

第六章 建筑画的常用工具

建筑画的表现法很多。甲乙方在交受设计任务后，对设计方案所作的效果图（建筑画），设计单位或个人可自由选择。按设计规模的大小、方案的繁简、建筑造价的高低及建筑师所熟悉的技能予以表现，建筑画仅是设计方案的说明图、宣传品，任何形式均可表达。

作画所用的不同工具材料，产生不同的表现形式，也得到不同的表现效果，目的都是为了介绍设计方案。

一些大中型建筑，造价昂贵，设计风格独特，建筑造型别致，建筑材料考究，并力求反映建筑所处的真实环境的，可采用表现力较强的水彩、水粉混合画法和喷绘法。因为这些画法所采用的工具材料便于反复叠加，深入刻划，可达到细致完整的境地。一些中小型建筑，造价偏低，设计手法和建筑造型简洁，建筑材料朴素，对建筑不企求精雕细镂的，可采用钢笔淡彩画法、马克笔画法、钢笔画法等。

第一节 建筑画的常用纸笔

作彩色建筑画，凡涉及水彩和水粉颜料画的，都可用较细洁的水彩纸，国产纸以河北保定产的为好，根据习惯，正反面（正面粗、反面细）均可，此纸张可绘制0号图和1号图（即全开和对开）的画。目前其它牌号的纸都太粗，或吸水不匀，不宜细画。喷绘法也可用水彩纸，也有用卡纸的，但卡纸纸面太光滑，反复重叠时，较难掌握。马克笔作画有专用的笔，作画时不能调色，多数属一次性着色，颜色落纸即干，为防止纸面吸色，充分发挥色彩的透明性和新鲜感，宜采用较光滑的卡纸或硫酸纸，卡纸厚，容易保存，硫酸纸虽易上色，但纸薄，怕水浸，易皱，难于保存。单色钢笔画可采用绘图纸或水彩纸的反面。混合画法可根据不同的工具，采用合适的用纸，多数也用水彩纸。电脑建筑画有其专用的设备（纸张或喷墨等），非一般材料能代替……。

作彩色建筑画的用笔无特殊要求，可按各人的习惯选用，大小扁、圆毛笔均可，但必备大扁刷一把，用以画大面积的天、地。另外，必用的直线笔、圆规、曲线板、尺等仪器不一一细述。马克笔属特殊用笔。

第二节 色纸及制作

色纸作画，用色可略为简化，易得谐调的色调，别有一番雅趣。但国内尚未生产水彩纸性质的色纸，进口纸质地尚可，色泽品种较多，纸的规格多数仅保定水彩纸的一半，价格却是保定纸的几倍。为此，可以自作色纸，色泽自由调和，质地也不亚于进口纸。

染纸可用较细洁的水彩纸（保定纸），正反面均可。染色前，先将纸在图板上裱好，待干透。另置一盛水器，以水彩颜料和清水在器皿内稀释，根据纸的大小，配备所需的水色，并将其调匀，以浅色和中间色为主，水色宜多宜薄，另置一大扁刷蘸色轻涂纸面，先横后竖，或斜向用笔，尽力理顺笔触，但此时纸面水色较多，一时恐难以均匀，可搁下大扁刷，将画板上下左右转动，水色可能呈放射状向图板四周流动，但笔触已逐步消失，待水色均匀稳定，可将图板以很小的角度斜搁（不能平放，因水色未干，平放会使纸边的水色倒流，破坏已开始均匀渐干的水色，留下大块斑驳痕迹）。斜搁后水色也会流向一边，可用甩干的大毛笔吸去淤积的水色，然后在渐干过程中放平画板，直至干透，揭下画纸，会呈现一张光挺新鲜的色纸，也可不揭下，直接在上面作画。

染色时也可不用大扁刷，将调好的水色直接倒在纸上，转动画板，直到最后制成。这种方法因未用扁刷与纸接触摩擦，可减少纸的损伤。

染色纸上起轮廓，在染色先后均可，因为所染的水色较薄，不致遮盖轮廓线，若染较深色时，还是染后起稿好。染色后所画的铅笔轮廓线不能用橡皮摩擦，橡皮会把纸上的颜色擦花。

第三节　裱纸

建筑画的画幅都偏大，作画过程中，若因追求画面的水色趣味，用水过多时，画面即刻起皱，或因技法不够熟练，涂抹水色不当，反复擦洗，也会引起纸皱，从而影响继续作画的进程。

为克服这些弊端，作画前可把纸裱在图板上，使其平整挺括，以利作画。

常见的裱纸法是把纸的四边各内折一二公分，正面保持干燥，反面满刷清水，平铺在图板上，在内折一二公分的反面涂上胶水或浆糊，贴在图板上即成，方法比较简便。此时由于正反面干湿反差较大，纸面高低起伏不平，水分慢慢挥发后，纸面逐渐平整。用这样的纸作画，若篇幅较小，所用水色不多，纸面仅现小起伏状，勉强能画，若篇幅较大，尽兴泼色挥毫时，纸面立刻恢复了初裱时的皱缩状，无法继续作画。

为克服这些困难，不妨改变裱纸方法。

作画前，把纸的正反面全部打湿，条件许可者，可把纸放在水盆中浸泡一二十分钟，先把图板用湿毛巾稍涂抹，然后用手指捏住左右纸角，把纸平铺在图板上，又用绞干的湿毛巾轻轻铺在湿纸上，吸去多余的水分，抹平并挤压出纸与图板之间的气泡，待完全平整后，用干布或干纸吸去四周纸边一二公分内的水分，将事先准备好的一二公分宽的干纸条，反面涂上胶水，一半贴在纸上，一半贴在图板上，用手抹平，待干即成。贴边的干纸条不宜太薄，略厚，可防止画纸在干燥收缩过程中绷断。

这种裱纸法免除了前述正反两面干湿反差的弊病，正反面同步收缩，纸和图板紧密吻合，上色时只要不大量用水，自始至终可保持平整，以利作画。

有条件者，还可改用有机玻璃板和木质图板混合使用的方法，最为理想。

作画前，准备好有机玻璃板和木质图板各一块，把画纸的反面用湿毛巾均匀轻抹，正面保持干燥，又在有机玻璃板上涂刷较多的清水，将反面打湿的画纸铺上，用干纸盖在纸的正面，耐心压挤纸下的气泡，待完全平整后，抹干纸四围的积水，不贴纸条，即可作画。此水裱法可大胆用水用色，尽情挥毫大片平整或复杂多变的天空、地面、山脉、玻璃幕墙等，因为有机玻璃板无吸水能力，纸的湿润时间可持续数小时，既能画得平整均匀，又不因篇幅过大，水分干得太快而使作画者情绪紧张。

待要表现的大面积水色达到目的后，可将未完成稿的湿纸移到事先准备好的木质图板上，再用前述裱纸法裱好，再逐步画完此图。

前述的染纸法，若改在有机玻璃板上染色，效果更佳。

第七章 水彩、水粉画法

　　水彩和水粉颜料，虽然质地不一，但两者都以水为媒介调合后使用，能充分发挥它们的表现功能，扬长避短，相得益彰，是以色彩绘制的建筑画中，比较理想的材料。

　　水彩色较薄，有透明色和半透明色两大类，它以水、胶调合化学物质、金属氧化物或矿物质加工制成。属化学物质的颜料透明，似染料性质，如青莲、普蓝、玫瑰等，属金属氧化物或矿物质的颜料半透明，如钴蓝、铬黄、土黄、赭石等。

　　透明和半透明不是绝对的，当半透明色加水较多时也成了透明色，透明色加水太少时，成了半透明色，甚至不透明色。就技法角度而言，水彩就是水和彩的结合，水和彩的运用技巧，是决定水彩画艺术水平的关键因素，所以用水彩作画时，尽力追求其水分淋漓，水色交融，色泽透明的飘泼之趣，用以表现轻薄鲜丽，浑厚朦胧的物象，诚为鬼斧神工。

　　水粉色较厚，属不透明色，它以水、胶、甘油等调合色粉（化学物质、金属氧化物或矿物质）加工而成，有很强的覆盖力，颜料调和后涂在纸上容易得到均匀平整的效果，并展现很好的明度和纯度，用水粉色作画时，讲究敷色厚实，笔力苍劲，用以表现坚实厚重，光挺华丽的景物，颇为精致丰富。

第一节 水彩、水粉混合画法

　　水彩、水粉虽然都以水为媒介，作画步骤却绝然相反，前者无覆盖力，上色时由浅入深，渐次加叠，后者有覆盖力，上色时由深到浅，逐步提亮。在熟谙这两门专门技法后，按步骤灵活运用，既能洒脱豪放地泼色漫涂，又能细致入微地精描慢画；各展其长，和谐精湛。

　　用水彩、水粉混合画法作建筑画，特别强调顺序明确的程式化步骤，水彩和水粉的透明和不透明特性不能随意颠倒，否则会使画面造成很多矛盾，以致难以继续进行，所以作画前要有缜密的计划，以先画透明色，后画不透明色的原则逐步深入。为此，先用水彩色就天空、远山、远树、玻璃幕墙、窗户（包括汽车车窗）、地面等内容依次进行。作色时，为发挥水彩的水色韵味，可能奔放泼辣的笔触，会破坏部分物象的轮廓（如天空与建筑墙面衔接处），可暂不受其限制，超出范围的水色痕迹，可待下一步用水粉色作色时覆盖修整。但若先上水彩色部位的邻侧或下侧也是用水彩色表现（如天空下紧挨着玻璃幕墙），则先画的天空色边缘要特别小心，不能超出应有的轮廓范围，否则残留在后画部分范围内的水色痕迹很难消除，水彩色画完干透后，以水粉色继续着色，可以玻璃幕墙或窗户上的横直分格线、墙面、近树、车辆、人物及小品设置等内容按序着色，最后，在统一调整中，使画幅渐臻完整。

　　下面就画面所反映的主要内容，简述其表现技法。

一、天空

　　天空浩瀚无垠，不论是晴空、阴天或朝晖、夜幕，常呈现晶莹透明或浓艳深沉的现象，是水彩画善于发挥的内容。

　　天空面积较大，上色时要选用特大的画笔或扁刷，配合中型画笔交替使用。

（一）平铺天空

　　无云晴空或阴天白昼，天空清澈明净，光洁平整，可以单色满铺，按照前述的染纸法上色，染色后不再润饰，也可用湿画法自上至下衔接，略现上深下浅的变化（图例15a）。

（二）晴天云彩

　　晴天云彩，如棉吐絮，轻柔飘拂。

如画蓝天白云,先以大笔饱蘸调好的蓝天水色,在天空部分满铺、漫涂,在云絮边缘落笔宜重,水多笔捷,充分利用水彩纸的粗糙纹样,使其现出"飞白"般白云轮廓,接着以少量清水润湿部分白云边缘及轮廓内部,使局部轮廓略现模糊状,此时未润湿处蓝天白云对比强烈,润湿处则天空和云色浑然一体,又速调云层暗部色衔接清水,清水和蓝天,清水和云层暗部自然晕化,形成了立体云层,云层也可以湿画法略示深浅,至此画完上部分云天。再以蓝天色与云层色衔接画下部分云天,方法与上述的相同,往下直至画完,与建筑或其他景物相接。

自上至下敷色时,天空色彩虽较单纯,但应有深浅冷暖色相的差异,云彩上下参差交叠,变化无常,应分明大小主次,一气呵成。云层的轮廓只能默记,切忌有铅笔勾划,因铅笔线容易显露,破坏画面。

画彩云时,也先画天空色,留出彩云轮廓,接着以彩云的色彩在留出的空白处上色,使部分色彩与天空色衔接,部分色彩在白底上干画,略现白底,也呈现或干或湿的效果,其他步骤,与上述蓝天白云的画法相似(图例15b)。

(三)晨曦、晚霞

晨曦晚霞,光彩绚烂,神秘深沉。在距离太阳远处,天空显得浩瀚辽阔,色彩淡雅平和,在离太阳近处,云层交叠遮隐,色彩浓重艳丽,变幻莫测。

表现时,自始至终以湿画法涂色,由浅入深或衔接或重叠,色彩渐次递增变化。先画天空本色,即用稍浓重的色彩以湿重叠法画片片云层,在离太阳近处,使天空色与旁侧深色云层的对比中,制造一片明暗反差强烈的光色,使其有光照透射的效果。因为始终在湿底上衔接或重叠,后画的色彩水分不宜过多,使其与底色渗透晕化过程中不致狂泻漫流(图例15c)。

(a) 平涂天空

(b) 晴天云彩

(c) 晨曦晚霞

(d) 夜空天色

图例15 天空画法

(四) 夜空天色

夜空天色，昏暗模糊，沉寂黢黑。

一般不画明显的云层，仅以平涂法自上至下大片敷色，可略示色泽的深浅变化，上色法与前述染色法同。

若表现当空皓月，可先画天空色，留出月亮位置，待天空色将干未干时，以少量清水润湿月亮边缘轮廓，使天空色略内渗，有朦胧感，因天空色内渗，月亮部位可留得稍大；或在未上色时，先将月亮部位用少量清水润湿，周围画天空色，效果与上近似；也可以满铺天空色，待其将干未干时洗出月亮轮廓（图例15d）。

自然中的夜空，明月的轮廓很清晰，似可用水彩干画法以天空色烘托月亮，则月亮极为明亮，但其四周轮廓显得呆板生硬，故不宜用干画法。

在表现晨曦晚霞或夜空天色时，因用色过浓过深，画轮廓时景物的轮廓线可稍深，以免天空色覆盖后无法继续作画。

二、地面

地面单纯无华，仅以各种不同的质地和色彩，构成它平整朴质的形象，在画面上所占面积较小。表现时用大笔作水彩平涂，或略画投影、倒影。

(一) 沥青和水泥地面

沥青和水泥地面，都有平整而略现粗糙的质感，呈深浅不同的灰色。

表现时与平铺天空的上色法一致，但沥青和水泥地面不像天空清澈透明，却有浑厚的粗糙感，平铺时加用沉淀法（图例16）。

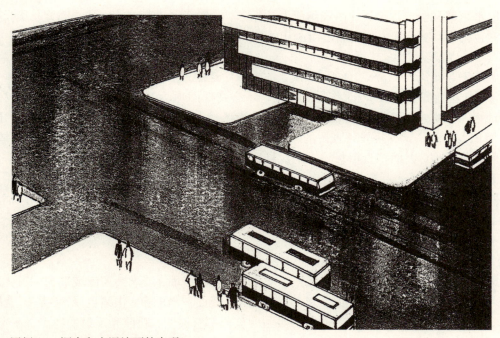

图例16　沥青和水泥地面的表现

传统的沉淀法是靠颜料本身的颗粒质地形成，进口颜料中的群青最典型，国产颜料无定规，偶有质地较差的颜料如土黄、赭石、熟褐等可以达到上述效果。作画时无特殊方法，仅以大量水调匀颜料后满铺纸上，在渐干过程中，显现点点颗粒，能确切的表现这两种地面的质感。

对颜料的性能无把握时，作画前可用大的硬橡皮平擦画纸的地面部分，破坏其表面的纤维状纸面，然后用大量水色满铺，起毛的纸面会呈现有似脏味的点状颗粒，均匀的满布在地面，干透后，这点状颗粒很巧妙地表现了地面的质感，或许还超出颜料本身能表现的效果。

也可用同样的沉淀法表现沙地、泥地和石块等。

(二) 水磨石、大理石、花岗石、上漆木质地板

水磨石、大理石、花岗石、上漆木质地板，都很光洁平滑，有大小不一的纹样，在光线照射下，有明显的高光、反光和倒影（图例17）。

图例17　水磨石、花岗石、大理石地面的表现

表现时，用水彩湿画法自远至近，由浅到深大片涂抹，涂时色彩渐变，特别强调高光、反光和倒影，趁湿洗出高光，用颜色画出反光，又用直笔触趁湿画出倒影，倒影是表现地面质感的主要因素，但不必画出地面上真实景物的形象，仅略显示即可。

水磨石、大理石、花岗石的碎点、纹样，在上述步骤后趁湿以较干颜色在湿底上重叠点彩，或自然勾划，使其自由渗化，形成美丽的图案，但仅作重点刻画，不必到处满画，以防凌乱（图15、54、62等）。

上漆木质地板有比本色略深的细长纹样，以其天然流畅诱人，也是木质地板的主要特征。木质地板是由板条镶拼而成，面积大小不一，有狭长条直拼的，有裁成小片拼嵌成图案的，都有长短不同的板缝，色彩单纯。表现时，与水磨石等近似，大面积直拼板块上的纹样，可在底色未干时择要勾画，裁成小片拼嵌的，仅在近处略作示范，大部分省略。

至此，几种地面基本画成。待干，根据不同材料的形状和面积，以水粉颜料用直线笔勾画横直分格线，线条也择要而画，随地面的深浅增减线色，不能满画，否则也会杂乱琐碎。画线后，地面锃亮而光滑的质感跃然纸上。

三、玻璃

玻璃光溜清亮，是现代建筑的重要材料之一。大量用在玻璃幕墙、玻璃橱窗或玻璃窗的有无色玻璃、有色玻璃和镜面玻璃等，其中有色玻璃和镜面玻璃的品种繁多，镜面玻璃的金、银诸色泽，在建筑上使用后常有异色金属的质感，给建筑披上了富丽的彩装。各种类型的玻璃都有透明、映照和反射的特点，在光线的照射下，会变化其原有的色泽，出现强烈的明暗反差，表现时，水彩能发挥极强的表现力。上色前，玻璃幕墙、玻璃橱窗或玻璃窗的轮廓分格线，应适当加深，或以虚线延长到近处墙面上或远处纸边，有待玻璃面盖上深色后作参考（图例18）。

上色时自始至终用水彩湿画法表现，以强烈的深浅对比表现其质感，不论何种玻璃，其反差程度几乎是白和黑的差距，对比的方法是以高光部位为中心，向上下加深。方法之一是将高光处于整片玻璃幕墙、玻璃橱窗或玻璃窗的中间部位，并以斜向表示。中间色、暗色或反光处于高光两侧，可分别在其上下位置以斜向渐次加深；方法之二是将高光处于最高处，然后向下渐次加深；方法之三是将高光处在最下部，然后向上渐次加深。敷色时不论层高多少或面积大小，暂时舍去分格线，作整块大玻璃画，使高光、中间色、深色或反光都整体集中，不出现在每一个窗格内。待干，用水粉色以直线笔画横直分格线，线条纤细，色彩稍厚，玻璃浅色处画深色，玻璃深色处画浅色，可增强玻璃的质感。较大面积玻璃幕墙的分格线应呈立体感，先画深色线，表示窗格的暗面，再在其一侧画浅色线，表示窗格的受光面（图例19）。

图例18　延长玻璃幕墙或玻璃窗的分格，以便上色时参考

(a)　高光处于中部

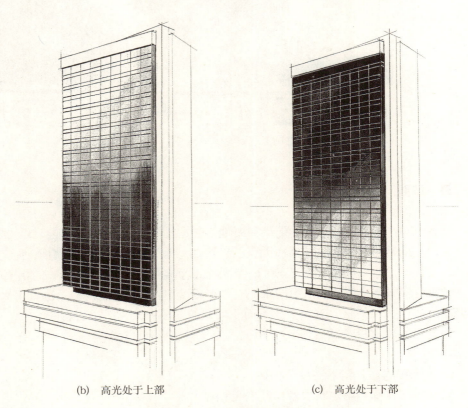

(b)　高光处于上部　　　　　　　　(c)　高光处于下部

图例19　玻璃幕墙上色方法

表现无色玻璃时，在画分格线前，可画些室内陈设，能增加玻璃的透明感和室内的远近进深感，以水彩干湿画法交替使用，所有物象都用浅色，呈虚幻状，否则会破坏玻璃的质感（图31、37等）。

表现有色玻璃时，室内物象不必显现，可在整片玻璃面的一侧和亮处，画出侧墙层高和顶棚的透视，能表现隐约可见的室内空间，也加强了玻璃的质感（图3等）。

表现镜面玻璃时，可刻意描绘建筑在特定环境中能反照的景物，诸如天空云彩、树木、建筑等。色彩要比真实景物黯淡虚弱，用水彩干湿结合，在已经干透的玻璃面上重叠，画完反照出的景物后再画横直分格线（图1、5、28、33、78等）。

四、远山远树

远山远树，虚无飘渺。

山脉是硕大无量的物体，不论远近，以干湿结合的水彩表现。

表现时，先画天空色，一直画到山脉底部。在画到山脉的范围内时，有的地方水分可偏少一些，而有的地方水分可偏多些。在天空色渐干的过程中，用重叠法从左至右开始画山，一气呵成。画山时，上述的水分偏少的部位似干重叠法，呈现出近处山峦，水分略多的部位似湿重叠法，呈现出虚远山形。又在山脉色未干时，以水分较少的略深色彩重叠山脉暗部。由此，峰峦山色干湿并现，虚实相间，有厚实的体积感。

远树以湿画法在未干的天空下端山脉的底部重叠，也呈现朦胧虚远的景象（图例20）。

图例20　远山远树的画法

五、墙面

墙面，坚固平整。

画墙面时，既表现其本身的形象和质地，也是开始修整画面的主要步骤。把天空色、玻璃色、玻璃分格线等侵入墙面的残留色彩，通过墙面上色予以覆盖，所以宜用水粉色画墙面，画完墙面，可使画面初步显得整齐干净。某些墙面也有用水彩色表现的，因水彩无覆盖力，在画墙面以外的物象时，不能超出轮廓范围。

墙面用材丰富多采，除常用的水泥、清水砖墙、面砖、木材等外，也有用水磨石、花岗石、大理石装饰局部墙面，或以金属板材、玻璃装置大面积墙体的，还有大量采用石料的。

此处以主要材料予以概述。

（一）水泥墙面、清水砖墙、面砖

这几种材料都可用水粉表现，颜料可稍厚。

上色前，先用直线笔含水粉颜料修整大的墙面轮廓线，在其轮廓线内涂色。宜用扁平大笔，调足颜料的用量。画时，笔上颜料应饱满，动作稍快，用笔肯定，可使色彩均匀整洁，并可根据光色布局显现深浅。在意欲提亮或加深的部位，应采用类似水彩湿画法中的衔接法，使其自然融合，不求笔触。

清水砖墙和面砖有明显的横竖分格线，画时，可加强一方的分格线，减弱另一方的分格线（加强横的，减弱竖的，或反之）。表现清水砖墙砖块的凸出感，可把砖块横或竖的某一方向的线加深，以示砖块的投影（图例21）；面砖中的上釉瓷砖或陶砖有反射力，但弱于玻璃，故在铺墙色时趁湿提亮，无釉面砖的上色法近似水泥墙面，面砖的分格线也以某一方向为主，线条纤细，似隐若现（图28、29、36、39等）。

（二）木板墙面

选用木板作外墙的，以民居为主，但现代住宅的室内装修也多数采用木材，不论外墙或室内装修，都与地面相同，以各种规格的板条镶拼而成，其表现方法与木质地板相同，用水彩作色（图例22及图55）。

（三）水磨石、花岗石、大理石墙面

这几种材料作墙面，很少见整墙整面的，多数为墙体局部作装饰使用，使整幢建筑显得庄严豪华。

水磨石和花岗石的表现方法与以其作地面的表现方法相同，但墙面是直面而不是平面，虽光滑不会出现倒影（图例23）。

大理石的表现方法与水磨石、花岗石相同，但大理石作墙面时，其纹样比作地面时具体而明显。表现这类纹样，应以大理石墙面作一整体刻划，不能逐块细画，以防凌乱。

图例21　清水砖及大理石墙面画法

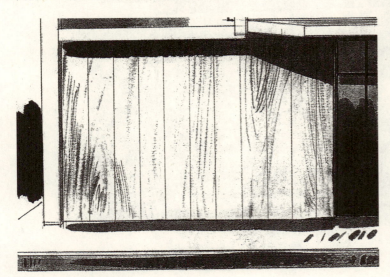

图例22　木板墙面画法

图例23　金属板、水磨石、花岗石画法

以上三种材料均以水粉色作纤细的横竖分格线，也择要地以一个方向为主（横向或竖向，图例21）。

三种材料均以水彩作色，若改用水粉，方法近似水彩（图6、15、37、54等）。

（四）金属板材

不锈钢和铝合金等金属板材，时下为现代建筑提供了新颖的建筑材料，可作墙面局部装饰，或作大门、窗框、柱子等，也有以其制成浮雕式的构成图案，或裁割成小块再镶拼的，不论作何用途，都有锃亮溜光的质感。

金属质地坚硬，质感独特，在不同光线的照射下，呈缤纷的闪烁感和强反射力，处处光点，处处似粼粼碧波，色泽的深浅反差是建筑材料中最强的，最亮处是极度的白光，中间色的色泽丰富，深色近乎煤黑。

宜用水彩色表现，方法与玻璃近似，尽量提高其明暗对比，润饰中间色的色彩，舍去过多的零星高光和反光，使其各集中在一起出现。若表现立体构成图案，可待基本色干后，以干重叠法择要刻画。作门窗用的，待基本色干后，用直线笔蘸水粉色画线，以示窗框或折叠线的立体感（图15、62）。

（五）石墙

石墙由形体不规正的各种石块堆砌而成。石块表面有高低不平的棱角和石缝，色彩丰富，多数在石块的隙缝间抹灰浆，也见于贵州等地民居有纯堆积的。

上色时，用近于水彩湿画法的表现法，由浅入深画石块、石缝及明显的棱角，色彩要时画时变，自然衔接，强调色彩的整体统一，待干，用重叠法塑造部分主要石块的凹凸处和灰浆的起伏状。墙面画成后，修整其边缘轮廓（图例24）。

若改用水粉上色，强调以笔触造型，上色彩的规律如上。

以上所列木板墙面、水磨石、花岗石、大理石、金属板材和石墙，均以水彩表现，水彩技法运用得当，完全可与主墙面融会一体，相得益彰。若因水彩技法运用不当，与主体墙面所用的水粉表现发生厚薄不等，干湿不匀的矛盾时，则也改用水粉表现，用水粉表现时，水的干湿程度与水彩近似，仅步骤相反，由深及浅深入。

图例24　石墙和面砖的画法

六、车辆、人物

车辆、人物，色彩斑斓，是画面前景中的色彩中心，常与建筑或其它物象交叠，故宜用水粉色表现。

在前阶段的画面着色过程中，应尽力留出面积较小的车窗、车灯部位。着手画车辆时，先用水彩寥寥几笔挥就，然后用水粉色画车辆的造型和各组成部分，细致的勾划其结构，如窗格直线、保险杠、牌照等，颜色可涂得稍厚。人物的服装式样要新颖而不怪异，调和色、对比色大胆使用，色彩涂得稍厚，可有凸出在前的真实感。

车辆、人物以夸张色彩纯度的手法，在画面前景中起画龙点睛的作用。

七、小品设置和近树

各类小品，内容杂而不一，有的附设于建筑上，有的作画面的中近景设置，可视物象的质地决定其表现形式。凡涉及玻璃、水面等物质，可先用水彩表现，其它均宜用水粉勾划。在描绘这些物象时，不论其造型繁简和体积大小，都起从属烘托作用，故色彩的运用应分明主从，否则会破坏主体。

近树，是前景中的物体，庞大的树身和多姿的形态，覆盖在部分天空和建筑物上，所占位置突出，是修饰画面的内容之一，它对画面过多的直线、横线起缓冲作用，并消除其呆滞感。因是近景，宜用水粉，着色用笔要果断豪放，以兼工带写的手法与一丝不苟的建筑，形成鲜明的对比。

画室内透视图时，虽然与室外建筑的内容不尽一致，但可根据所设内容的质地，仿室外建筑的内容酌情表现。

第二节　水彩画法

水彩画法是指用纯水彩作的建筑画。水彩画法应追求其材料和技法表现之长。但淋漓的水色情趣，洒脱的运笔技巧与工整规范的建筑造型很难谐调，也难于细致深入，故用纯水彩作完整建筑画者甚少。而以其作钢笔或铅笔淡彩、快图渲染等，则得心应手，事半功倍。

国外建筑画中有称透明水彩和不透明水彩的，此不透明水彩，实为水粉性质的颜料，已不属纯水彩范畴。有关水彩画法的一些表现技法，已在上述水彩水粉混合画法中有所论述，此处不再赘述。

用水彩画法作建筑画时，可采用水彩写生画的方法，本着从远到近，从浅到深的步骤上色。每画一种物象，一定要考虑其旁侧和后面物象的轮廓，并审慎的为其留出精确的位置。如画天空、玻璃、墙面时，都要顺着邻接物象轮廓的外沿小心着色，不能破坏后画物象的范围。故作纯水彩的建筑画，应对内容有所考虑，因水彩色无覆盖力，应选择能由浅及深渐增的内容，而不能做从深到浅渐减的内容。纯水彩作建筑画时，最后还得借用仪器和水粉色修整直线轮廓。若用水彩色画线，当颜料用得过深过厚时，勉强盖住后，胶水泛出，难于干透，线条发亮，画面不美。

第三节　水粉画法

水粉画是我国建筑画界颇为盛行的画法，因为它色泽鲜明，便于深入，能真实畅达地表现设计者的构思，为建筑师乐意采用的表现形式。

水粉画虽也以水为媒介，但不过多追求水的韵味，以运笔技巧体现笔法、笔触和造型能力，近于油画技法。

水粉画的作画步骤，本着先浓后淡、先远后近、先薄后厚、先湿后干的原则渐次深入，也参照画面的光色布局和物象的色相灵活运用。

水粉画上色时，对所表现内容的顺序与水彩水粉混合画法相同，也可择要而定。

水粉和水彩的表现技法比较近似，但两者的材料和质地差距甚大，在用水、调色、粉质、胶质的处理方面也不一致。水彩画用色以薄而透明为好，水粉涂得过薄则不明色相，要有适当厚度才现效果。水粉画干湿的色彩变化很大，湿时鲜明，干后灰暗，变化程度比油画、水彩明显得多。

水彩用水稀释时，以用水的多少决定其色彩的深浅。水粉画在由深变浅的过程中，以调白色的多少决定其浓淡变化。若因技术欠佳，往往用白过多，致使色彩蒙上一层白雾，失去应有的光泽而变得"粉气"。"粉气"是水粉作画大忌的弊病，它使画面色彩迷糊混浊，锐减原有的色相、明度和纯度，且冷暖难分，补色平庸，层次不清，虚实不明。

　　为此，水粉画中使用白色，也是一种关键技术，为克服"粉气"，可本着少用或不用的原则调色。在表现物象的深色和暗部时，尽量不用白色，但在深暗色部位无法反映其透明感时，可借用淡黄、土黄、粉绿或钴蓝等浅色相调，则既能保持深、暗色应有的纯度，又不致"粉气"；也可把色彩调得略薄，以示其应有的虚弱感。

　　水粉画因用色不当，多种颜色任意相调，尤其是冷暖关系悬殊的深色调合，必然显得黯淡失色，污浊邋遢。颜料相调后，也许由于光的吸收和反射的原因，也许由于其质地的原因，相混种类越多，明度越差。

　　为此，颜色相混时，应本着少混或不混的原则，并注意冷暖关系。因为颜色一色最纯，两色相混时，其纯度、明度略减，三色相混更次。以橙色为例，橙色 = 红 + 黄 = 红 + 橙 + 黄，这第一、二、三个橙色，各有其不同的等次。

　　冷暖差距较远的深色相混，其色相、纯度和明度深暗非凡，色相难辨，如：朱红 + 翠绿、赭石 + 群青、赭石 + 翠绿、赭石 + 湖蓝、土黄 + 青莲……，会造成极不理想的效果。

　　所以调色时应注意色彩的冷暖属性及其补色关系，尽量以同色系、邻接色或冷暖差距不远的颜色相调，可以显示应有的色相。在冷暖差距较远的颜色相调时，使其侧重其中一色，或略加少量白色，可略微改变发黑、变灰的瑕疵。

　　上述水粉要有适当的厚度，才能展示其应有的色彩效果。但此厚度应适度，若因上色不准，反复涂抹叠加，虽然暂时覆盖了某些画错的色彩，但稍隔一段时间，底下某种色彩会因化学变化而泛出；或画面在挥发水分的干燥过程中，出现龟裂或剥落的现象。

　　要克服上述困难，可把画错的部位洗后重画。水粉的洗抹要求不似水彩，用笔蘸清水把过厚或不准的色彩洗薄即可，待干重画，同样可以达到新鲜如初的感觉。

　　某些水粉颜料因胶过多，水、胶配置失调，或成分欠佳，作画后会出现经久不干，干后回潮，甚至画面渗出水珠，使画面无法保藏。不得已使用这种颜料时，适当多加清水，或略加粉质较重的白色、粉绿、淡黄等色，能够减弱此现象。在经过一个盛暑天气后，上述缺陷能消除。

第八章 喷绘法

第一节 喷绘法的特点

喷绘法，也称喷色画。喷笔艺术，国内常称之为喷绘。尽管名称各异，却都贯穿一个"喷"字，这就充分体现了它的基本特征：单一的喷色造型艺术样色和喷、绘相结合的造型艺术样色。

喷绘与其它绘画的根本区别在于使用的工具不同。喷绘造型借助气源和喷笔、喷枪来实现，同时又融合了多种绘画形式的优点。用不同的喷绘方法，可制成不同的效果，既能呈现光滑细腻，又能形成浑厚粗犷，配以遮挡膜的使用，因循而成一套独特的表现形式。它能逼真地表现清朗匀净的天空，色彩斑斓的光柱，透亮明丽的玻璃，丰美浑朴的物象等，因其色泽匀净精密，为手绘所不及而独具风采。

据传，喷绘有着渊源流长的历史，这种利用空气和颜料的组合，以吹喷的形式作画的构想，可上溯到旧石器时代。那时古民们用中空的兽骨或芦苇管，借助嘴的气力，吹颜料作画于岩壁上。喷绘发展到今天，已改用先进的空气压缩泵和精密的喷笔、喷枪作画，形式也日新月异，丰富多采。

喷绘较小的画面可用喷笔，作较大的画面要用喷枪，目前上海产的国产喷笔和喷枪已被广为采用。

由于采用半自动化的喷绘设备和多种绘制手段，所以绘图快慢自如，浓淡随意，并可按需叠加，或改变色彩的明度。还可以在放大的照片上喷制作品，产生另一种作品形式。

第二节 喷绘法的制作步骤

一、准备
(1) 准备好电源线、空气压缩泵、喷笔（或喷枪）、遮挡膜、裁纸尺、直尺、喷绘颜料等工具材料。
(2) 作好色彩的缩小样稿，供喷绘时参考。
(3) 酝酿喷绘顺序。做到胸有成竹，按序进行。
(4) 盖上遮挡膜，从中间向四周铺展，挤出膜下气泡，然后用小型裁纸刀按所要喷涂的部位将遮挡膜严格按底图切开，掌握用刀的力度，过轻撕不开膜，过重会割破水彩纸。

二、喷绘
先揭开天空部分的遮挡膜，由深到浅喷绘天空，用白粉喷云彩，再依次喷玻璃、墙面、地面及毗邻建筑等。喷到一定程度，可揭开遮挡膜，进行全面对照，清理画面，适当调整（图例25）。

三、绘制
用水彩刻划玻璃的透明感，墙面的纹样和地面的倒影等。
用水粉刻划树木、草坪花圃、车辆、人物及小品设置等。
以上仅是喷绘的基本步骤，也可根据自己的爱好和习惯灵活运用，也许会取得意外的特殊效果。

四、注意事项
(1) 裁好的薄膜在揭开移位后，要编排好顺序，以免再用时错乱。
(2) 喷绘时水分不宜过多，以免出现渗水现象，水分太少，颜色的颗粒会太粗，故以适中为好。
(3) 笔嘴易堵塞。喷绘过程中要经常清洗，并调节通针和颜色浓度。
(4) 画面喷绘完毕，可采用热缩膜覆盖保存。
(5) 喷绘过程中，有大量有毒的颜料粉尘，吸入后对人体有害，故喷绘时要戴防尘口罩。

除上述画法外，喷笔（或喷枪）与马克笔、彩色铅笔、照片粘贴等综合运用，都能产生非常特殊的效果，创作出精美的作品。

(a)

(b)

(c)

图例 25　喷绘法

第九章　马克笔画法

第一节　概　述

在当今形色众多的建筑画中，马克笔 (Marker) 以其清丽高雅的色泽，扁平有序的笔触，组成似有节奏感的色块和形象，作图简便快捷，效果清新又不失豪放，有很强的时代感。它是表达建筑方案构思草图的理想工具，也是绘制正规透视图经常采用的形式，越来越受到建筑师们的青睐。

一、马克笔分类

马克笔有油性及水溶性之分。

油性马克笔：大部分马克笔都使用防水溶剂墨水，即油性马克笔。这种笔色相丰富齐全，并有专门的灰色系列，灰色系列中又包括暖灰与冷灰，可供建筑师任意选择。这种马克笔的笔头分宽、中、细等几种，既可绘制大面积的块面，亦可勾勒建筑或其他景物细部。水溶性马克笔：一般笔头比油性笔略窄，笔中墨水饱满，多数为透明色。

马克笔作图时，先涂的墨水干透后，不会与后涂的墨水混色。所以绘制时必须由浅到深绘制，绘制后的效果，有似简单的水彩画，却比水彩画作图进程快速。但这种水性马克笔的墨水退色较快，因此宜绘制不需长期保存的草图等。

二、马克笔画用纸

马克笔用纸不同绘出的色泽和效果也不一样，水溶性马克笔在吸水性强而厚度薄的纸（如复印纸）上绘制时，易将马克笔墨水浸透在纸纤维中颜色偏深，明度低，绘出的线条也都带粗糙的毛边。绘制在光滑的卡纸上时，墨水似浮于纸上，颜色偏浅，明度高，未干时极易抹掉；油性马克笔稍好些，但其含胶的墨水像粘在纸上，绘制时会出现明显的线迹，使用三角板时也容易拖色，影响整体美观。现有一种专供马克笔作画的画纸，背面含防渗透层，用其作画，趁墨水将干未干的时依次排线，可得到极为均匀的线条和色块，因其防渗透性，可使纸面上的色彩非常饱满。另外，常用的半透明描图纸（即硫酸纸），也是画马克笔的理想用纸，尽管它不便保存，但它无渗透性，便于修改，纸面晶莹光滑，足以掩盖其他缺点，并为画面增加许多魅力。

用马克笔作画，不论用何种纸张，都有其各自的特性，但都不能在画面上连续重叠涂抹，否则色彩灰暗，纸也易画破，此为作画时的大忌。

作画时，若采用遮挡纸，可使画面整洁干净。

三、日本制的 YoKen 系列介绍

马克笔的色彩品种繁多，深浅艳素齐全，参照色彩体系排列配制，可直接选用，省去了调配色彩的烦劳。目前使用较多的是日本制的 YoKen 系列，它包括 AD—24、AM—24、AP—24、AX—24 和 AN—24 五种色彩。使用最频繁的首推 AN—24 与 AD—24 系列。其中，AN—24 为灰色系列。冷灰色暗透蓝光，品质刚硬纯净；暖灰色隐含黄味，性格柔和含蓄。AD—24 为彩色系列。颜色浓郁深沉，艳而不俗，能满足建筑画描绘各物象的色彩所需。为使画面层次更现丰富多变，色彩倾于淡雅细腻，可再配一盒 AP—24 系列，此系列色彩典雅，近乎中性，在整个画面中起谐调统一作用。市场上也有八色、十二色简装成套的，大部分色彩极为浓艳，还有荧光马克笔等，因色泽不雅，若无其他品种相配，实难单独使用。

四、马克笔运用

在绘制建筑画时，马克笔因受笔触宽度的限制，画幅不宜过大，可控制在 2 号图幅为好。绘制室外透视图时，往往力求简洁明快，充分发挥以少胜多的意趣，故两三种主色已够应用，在主色谐调下点缀局部艳色，足可使画面生动有趣。

室内装修风格多样，或求典雅，或求粗犷。色彩不论淡雅或浓烈，都要统一在同一色系内，借以表现餐

厅、书房、卧室等为好。如用几种组织有序，较刺激的色彩渲染画面，用以表现商场、歌舞厅等的热闹喧哗，能唤起观者视觉和中枢神经的兴奋。

画面留白，是各画种普遍追求的情趣，马克笔应不宜大片涂色，更要发挥纸面白色的魅力，以"此时无声胜有声"的意境醒人耳目。

第二节　马克笔作画步骤与方法

下面简述马克笔的作画步骤及方法。

(1) 先用钢笔画好线框图。

(2) 上色时，应选准颜色，快速上色，铺色不求整齐周全，讲究笔触。

(3) 先画主体建筑的玻璃、墙面及阴影；再画天空、配景；并点缀车辆、人物。用笔应洗练准确，笔触自然流畅。成片的色彩用排色方法上色，既成色块，又留笔触，使线色映带呼应，物象生动活泼。

(4) 画玻璃时，留高光，用浅色退晕，干透后用笔的窄边在玻璃分格线侧加一道阴影。靠近地面处的玻璃，可画些玻璃反射物。建筑底层入口处的玻璃可加强亮度，表现其透明感。

(5) 受光面的墙面，上部受天光照射，尽量留白。在近地面处加些暖灰色笔触，以表现墙面的质感。

(6) 画建筑暗面时，由浅至深，逐步退晕，明暗交界处略深。

(7) 地面色留白，其投影和倒影应尽量简洁。用浅灰、灰色、黑色勾勒出地面透视的走向。地面上车辆、人物的底部可加些阴影，以增加画面的立体感。

(8) 添加配景时，色彩不宜太多，二三种即可。

(9) 天空也大胆留白，不宜用色排线，否则会显得压抑而杂乱。

(10) 马克笔作画，也有弃钢笔线而改用铅笔线的，追求铅笔淡彩之趣。

马克笔上色，也有不勾线的，以色块组成物象的体面，重装饰风。

步骤、方法并非不变的定律，可根据内容的繁简，个人的习惯灵活掌握（图例26）。

(a)

(b)

(c)

图例 26　马克笔画法

第十章 线描画法

第一节 线描画法

　　线描画法有似传统中国画中的工笔画，以线的精致犀利见长，配以浓淡谐和的色彩，组成雅致秀美的画面。

　　线描画法不论画面主次物象的造型繁简，都以线组织其结构造型，所以线描画法的结构造型是其首先经营的内容。尤以配景中的山脉、河流、树丛、花草等非规范化物象的造型难度较大，既不能失其整体外形的美观，又要善于取舍。以线造型，线描画法诚为一丝不苟，精雕细缕的形式。

　　线描画法多数采用一种线勾划，不作粗细之分，也无浓淡之别，追求朴质纤细。另外也有按物象的色泽用多色线表现的，按物象深浅不同，勾深浅不同的色线。

　　线描画法用色，重于谐美调和，不过分追求悬殊的冷暖和补色变化，而且色彩基本平涂。同一范围内的色彩一般不作明暗深浅退晕，不同方向的建筑墙面或略作区别，色块满涂，求完整光洁，且忌残缺粗糙。

　　给物象上色时，宜用透明的水彩色，水彩色薄，粉质少，上色后勾线不会渗化。若改用水粉色，则勾线时由于底色的粉质较厚难上线色，稍一不慎，先上的底色和后勾的色线产生矛盾。色线在粉底上不规则渗色，画面遭受破坏。

　　勾线上色步骤，可视画面物象造型的繁简和色彩的深浅等因素而定，上色勾线前的铅笔轮廓要比其它表现形式严格，精确细致，面面俱到，才能使上色勾线时完善肯定。

　　先上色后勾线，上色不受拘束，可随意漫涂，但靠近物象轮廓边缘时要谨慎，以免出格。虽系平涂，也重在画，切忌于描，画有情韵，描显呆板。画形体不规正的物象时，难免有未涂满的细小空白和斑驳色彩痕迹，勾线时会使其覆盖，使画面工整清爽。这与中国画中的工笔淡彩相似。

　　先勾线后上色，因无底色，勾线不受干扰，线条流畅匀称，以深色线为好。勾完后用水彩色薄涂，干后，因线色偏深而泛出。若事先考虑到某些物象铺上深色后，线条会被覆盖，这类物象的线色暂不宜过深，能泛出即可，待所上色干后，再勾一次线，以补不足，这与中国画中的工笔重彩相似。

　　灵活掌握勾线上色步骤，能使画面愈臻完美，则事先对画面各部位的用色、用线要作周密计划。如浅色物象可先勾线后上色，深色物象可先上色后勾线，如此交替使用，能使画面妥贴周全。

　　线描画法，对规正的平直物象，借用仪器勾画，其他以徒手为好，若全部改用徒手画线，可为画面的艺术情趣添色。

　　线描画法，可谓比较严谨的表现形式，在此画法中派生出钢笔淡彩画法和马克笔画法等。

第二节 钢笔淡彩画法

　　钢笔淡彩画法，也以线、色作为主要的表现技巧，但表现手法与上述线描画法不尽一致。

　　钢笔淡彩画法是以钢笔、墨水和水彩颜料作成的画面，工具简便，形式轻巧，比较适宜表现篇幅偏小，内容简单的中小型建筑，尤以别墅、民居、中小型纪念性建筑为好，或在作快图和方案草图构思时颇为方便。

　　钢笔淡彩画法追求明快流丽的画面效果，似信手挥就出建筑师的灵感思维，所以作画时企求一气呵成，即兴成作。为此，画面讲究总体视觉感受，舍弃次要的细枝末节。作画时尽量不用仪器，以徒手画线，要求流畅挺秀，不求整齐周全，单线、复线都是腕中力的功夫，线要拉出，切忌描出，拉则坚挺，描则纤弱；着色时以水彩色薄涂。多用干画法重叠，探求笔触技巧，发挥水彩的鲜明别透，但不求水分的瓢泼之趣，简化纷繁复杂的色彩变化，涂色也不求完整满铺，可随意巧留白底，以其残缺空白，增强画面的艺术趣味。

钢笔淡彩画法可先画线，后上色，随个人习惯选笔，以较粗的针管笔为好，用碳素墨水，上色时不会渗色。线条完成后，即是一幅常见的钢笔速写，再略敷色彩。用纸以水彩纸为好，正反面均可，正面粗，反面细，各具特色。颜色即常用的水彩色。

第三节　马克笔画法

马克笔画法也属线描画法范畴，前面已专门叙述，此处不再重复。

第十一章　钢笔画法

钢笔画法是以钢笔配备墨水作的单色画。采用针管笔，线条划一不变，为了便于涂抹大面积的体块，也有与毛笔结合使用的，因色泽单一，故也称为单色画。

单纯黑白，黑是墨水，白是纸的本色，舍弃了黑色（或其他深色）以外的所有色泽，也舍去了画面繁琐的细节和层次，重点刻划其主要因素，以线的疏密长短，点的散集匀杂，并以黑块和纸的本色的大小多少，组成似有韵律的画面。以单色胜多色的抽象概念，发挥单色造型的独有魅力，唤起观者视觉和心理的反应。

钢笔画受工具材料的限制，宜作小型画幅，表现内容与钢笔淡彩画法相似，以中小型建筑为好，体量过大的景物，其单纯的线、色、恐难表达其应有的体积和景观。

钢笔画用纸以质地坚实，纸纹细腻，纸面光滑，着色不渗化者为好，我国生产的俗称绘图纸的即可，若用有色纸，质地要求相同。

第一节　白、灰、黑三色的功能

画面以单纯的黑色为基调，以深浅不同的黑色表现画面物象的造型、结构、层次和质量感等，这些深浅不同的黑色，由线、点、面组成白、灰、黑三色的基本色相。

线、点、面是柔和刚的结合，是光和影的对比。因为仅以单一的深浅黑色统治画面，所以画面的色调容易统一，并在白、灰、黑三色互为对比烘托中，发挥彼此的作用。

一、白色

白色。即纸的本色，未作任何润饰，应用极广，传统中国画本以留白作为重要手法，建筑画也要善于调节画面大小规正、异形的白色，使其以朴素的白纸底色，构成不同的形体和空间。白色也代表亮色、浅色或光感。

天空、地面、墙面和水面，在画面所占白色的面积较大，其他如玻璃幕墙、车辆、人物等，也以大小不等的白色充溢画面。白色本无色，也无浓淡深浅之别，但就其所示的不同造型，在灰色和黑色的烘衬中，会给观者引发其意念中的物象色泽。

白色因在画面上所占面积较大，应布局得当，错落有致，若处置不周，画面会显得空泛稀疏，层次不显，故应与灰色、黑色关连协调，才能发挥其独有的作用。

二、灰色

灰色。以线和点组成，线和点的长短疏密组成了深浅不等的色相，代表了画面所有的中间色。

灰色是表现物象造型、体积、层次和色调的主色，在画面上运用最广。如密集或稀疏的规正长线，可代表深浅不同，光影相异的墙面、屋顶、玻璃幕墙、水波或天空（图例27、28）；稀疏的短线可表现板瓦、窗格、清水砖墙、台阶等（图例29）；规范化或稀疏不匀的长短交叠线，可表现虚远的树丛和云天；长短弧线、曲线表现天空、水纹、木纹（图例30）；疏密不匀的点群表现草坪、墙面、地面、远树……（图例31）。以上种种，虽仅长短稀疏之别，却能举一反三，派生无穷变化。

灰色运用得当，能如实表达物象的本色和质量感，并增强画面的空间虚实感。

三、黑色

黑色，起着统一画面的作用，是画面最深、最暗的色相。它以大小不等的黑块，表现物象的本色、深暗处和投影，也表现画面物象间的空间感。有了黑色，画面显得浑厚坚实，稳重深沉。

物象全部涂黑，可表示其固有色，房檐下加黑色，拉开了檐口与墙面的距离，也表现阳光投射在墙面上的投影；地面上合乎透视的黑色，可表现物象的投影，也显示物象与地面的垂直立体感；屋与屋之间或窗格后加黑色，间隔了房屋之间的空间，分清了窗户与室内的距离（图例32）；树叶用黑色表现，用笔圆秃成片，有似层林叠翠，用笔扁平留空，又似轻飘碎叶；天空以黑白并置，又以长线退晕映衬，巧绘曙光、暮色；用枯笔涂抹墙面，在其边缘勾划长短弧状线，表现大理石颇为逼真……。

黑色在画面上所占面积不宜过多过大，以其在白、灰、黑三色间起协调作用。过多过大会使画面显得沉闷压抑，漆黑一片而有碍观瞻。

图例27　利用密集、稀疏的正规长线表现的深浅不同的墙面、地面、玻璃幕墙

图例28　利用密集稀疏的正规长线表现的地面、天空

图例 29　利用稀疏的短线表现的板瓦、窗格、砖墙、台阶

图例 30　利用长短交叠线、弧线、曲线表现的虚远的树丛、云天、水纹

图例 31　利用疏密不匀的点群表现的草坪、远树、地面

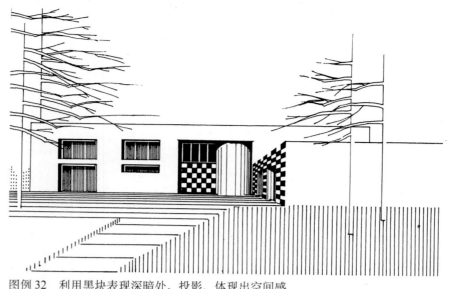

图例32 利用黑块表现深暗处、投影，体现出空间感

第二节 钢笔画的表现形式

一、素描画法

素描画法是以钢笔取代铅笔或炭条所作的素描，力求素描所具的基本要求，如高、深、宽的三度空间，从明到暗的各个层次，也要求表现质感、量感等诸多因素。但因钢笔用线纤细，也无深浅，不能像铅笔和炭条运用自如，所以用钢笔作素描，可在上述要求中适当简化层次，舍去难以表现的皴擦技法，仅以画面的主要因素予以刻划，也以白、灰、黑为基本色相，尽量巧取此善予表现的内容，又以略带装饰或抽象的形式，以人们概念中的表象来表达画面应有的效果。

素描画法的基本要求是写实，在适当省略层次后，尽量如实地反映物象，运用线和点的长短疏密，白、灰、黑三色的合适安排，勾成简练生动的画面。

勾划时可用仪器和徒手混合使用，若能徒手作画，能使画面富有艺术效果。

二、装饰画法

装饰画法在不同程度上突破或改变了绘画的基本手法，灵活处理空间、透视和物象比例，在不失物象特征的前提下，对其进行剪裁和夸张，或经过重新组合，使其在形式上均衡协调，并达到艺术上的统一。

装饰画法在表现手法上追求强烈对比和抽象概念。所以在商业广告和日用产品中用的较多，作为建筑画也可取其之长借鉴运用。

装饰画法还可包含影绘法、线描法和接晕法等数种。

（一）影绘法

影绘法是把景物的轮廓像剪影一样描出，将此轮廓进行组合后，可并列或重叠，用不同的方法区分其层次。如墙面影绘有色，门窗留白；画树时，叶着黑色，枝杆留白……。物象在交叠组合中，总在黑白、黑灰或灰白之间作比较，从此产生影绘的装饰效果，实际就是白、灰、黑三色的色块在作比较，所以也可称块面画法。

（二）线描法

线描法即以线造型的画法，其用线技巧与前述"线描画法"相同，但作为钢笔画法中的线描法是有线无色，近似中国画中的白描。为了丰富画面的效果，也可借助少量灰、黑色块。

线描法不求线的顿挫、粗细和浓淡，而是在组合物象的造型后，用单线、双线等极概括、简洁的手法表现，多则显杂，少则显乏。每条线都有其应用功能，并传达作者的主观意向。

（三）接晕法

接晕法也即退晕法。画面的物象在由浅变深或由深至浅的过程中，用色彩的渐变使其过渡，此渐变可用点，也可用线，由点、线的组合达到黑白的转化。点有大小，形状相异，线有长短，方向不同，在它们的排列变化中组成画面的特殊效果。

上述三种画法，都有其独立的形式，作为建筑画表现时，既可独立运用，也可以几种方法混合使用，能创造出别具一格的黑白画作。

三、徒手画法

徒手画法，求快，求准，以线的简练，力的刚劲见长。

作完整建筑画时，以单线为主，或略作黑块，衬托其应有的质量感，不宜以线、点组成灰色运用。因徒手画追求速写式的线条技巧，灰色会冲淡画面的用线意匠。

第十二章　铅笔画法

铅笔画法是以软硬不同的单色铅笔所作的建筑画，工具简便。铅笔以B为软度标记，由浅及深为B至8B；以H为硬度标记，由软至硬为H至6H。作画时，随习惯选用，仅二三支即可。用纸可按需选用粗细不同纸纹的纸，粗则效果豪放浑厚，细则用线精致轻快，绘图纸和水彩纸均可选用。

铅笔画法即素描画法。素描应含的技法要求，与钢笔画法中的素描画法要求相同。但铅笔的表现力远胜于钢笔，善于发挥线的粗细浓淡的变化，以其软硬不同的性能，表现不同的效果。铅笔作素描时，还能用铅笔以外的工具（如纸质擦笔）作虚实不同的皴擦效果，此诚为钢笔所不能及。

铅笔画法的用线是基本技巧，在表现物象时，应力求其质、量及空间感，充分表现其从明到暗的各种层次。为此，选择铅笔用线是表现力的关键因素，如质地光滑细腻的物象，以稍硬的铅笔为好；质地粗糙浑厚的物象，以稍软的铅笔为好。但铅笔作画，还因着力轻重、速度快慢、笔尖形状和用线疏密等，都会产生不同的效果，所以对铅笔的选用不必有固定的模式。

作铅笔画法时，也可不尽追求写实绘画的精镂细刻，稍为省去次要层次，略具装饰性地表现其主要的因素，加强明暗深浅的对比映衬，或能使画面主题更为鲜明突出。

彩色铅笔的作画方法与单色铅笔类似，但彩色铅笔无软硬深浅之别，质地脆软，色泽偏淡，笔芯似含蜡质，不便皴擦，故作画时应以排线表现，色与色之间虽能重叠，但难于调色，故作画前可作叠色试验，画面上色后无法修改。

第十三章　混合画法

　　混合画法或称特殊技法，以几种工具混合使用，或在某画种常规画法外加用特殊工具点缀，在综合使用各种工具的过程中，创制一种特殊的艺术效果。这些作画方法，不受工具材料的限制，随自己熟悉的技法和习惯任意混用。

　　油画棒或蜡笔，在水彩纸上轻涂满铺后画上水彩色，纸纹凸起处有油质或蜡质，凹进处未涂上，水彩色无法与油画棒或蜡笔混合和重叠，水色在油质或蜡质的边缘散开，干后呈斑驳厚实状，有似外墙喷涂，也能表现水泥地和沥青地的毛糙质地；又以油画棒或腊笔在未涂色的墙面上，着力不匀地画碎花小点，色彩略变，涂上水彩色后，类似光滑平整的水磨石，或类似高低不平的洗石子；油性马克笔和水溶性马克笔混合使用，可如实表现玻璃幕墙的质感；塑芯水彩笔、彩色铅笔、圆珠笔，单独使用都难以发挥其长，但混用得当，充分发挥其纤细的特点，排线、勾勒，都有其独具的特性，并为画面润色。

　　花布、色布、花纸、色纸剪贴，照片拼贴，已超越了绘画范畴，运筹得当，都能制成特殊的建筑装饰画，照片拼贴还近似电脑建筑画，这类作品，一般都以绘画技法润饰，同呈异彩。

　　混合画法既以特殊手法创制，不受画种、形式和程式的限制，在自己熟悉的工具材料中反复试验，举一反三，能创造更多更美的形式。

第十四章　电脑建筑画

　　随着科技的不断发展，电脑建筑画日益受到广大设计人员的重视，它准确、直观地反应建筑的真实形象和环境，很受业主的青睐。

　　电脑建筑画运用的范围很广，设计师可利用电脑绘制简单的草图；制作反应体型效果的模型图；也可以快速从不同的角度选取视点，对建筑形体进行观察、推敲；还可以较短的时间作不同的色彩搭配，使建筑物呈现不同的效果。这些都使设计人员节省更多的精力和时间，可用于对方案设计的比较与深化，提高建筑创作的水平。电脑的另一优势是它的精确性和便于修改。它对各种复杂的曲面、折面都能求出准确的透视；还可以随着时间的变化，模拟绘制某个地区、某个季节的建筑各个角度的透视和阴影图。这样，人们可以从建筑画所体现的造型、色彩、质感、环境和空间变化，来研究城市设计和探讨各类型的建筑创作。

　　电脑建筑画的绘制过程，首先要建出线框模型，对建筑所采用的不同材料的颜色进行分类、归纳，并适当地配制周围的道路和环境；也可运用扫描设备对环境进行扫描制作，真实地反映建筑周围的景况，再用渲染软件进行渲染。渲染过程中，灯光的处理、贴图材料的运用是画好一张图的关键。出图时，图形分辨率应根据所剩余的绘图时间和图幅大小来选择。后期制作除了加上配景中的树木、车辆、人物以外，还可以运用电脑中模拟手绘的方法，用画笔、喷笔对不足之处进行"手工"喷绘，可弥补电脑图比较呆板的弊病。

第十五章　鉴　赏

一、室外效果图

图1　厦门联方国际贸易中心（喷绘、水粉）　　深圳大学　王一旻

厦门联方国际贸易中心
　　低视平线，狭窄地面，高层建筑远近呼应，缀以横向小片云彩，画面显得辽阔深远。景物在合理尺度的烘衬中，使主体建筑显得高耸硕大。

说明：①图号顺序仅考虑排版的方便和图面色彩的基本和谐。
　　　②由于排版和页码所限，将电脑绘图单独列出，排后。
　　　　　　　　　　　　　　　——责任编辑——

图2 上海徐汇区龙城住宅小区规划（喷绘、水粉） 浙江省建筑设计研究院 陈红锋

上海徐汇区龙城住宅小区规划

　　高层住宅，鳞次栉比，错落交叠，蓝色的天，灰色的地，很自然地融汇在如此纷繁的场合之中。白色的建筑在蓝天的衬托下清新夺目，颇具韵律感的层层窗户与白色墙面互为因果，犹如巨型的键盘在浩瀚的空间鸣奏一曲豪迈的交响乐。

上海徐汇区体育活动中心

　　湛蓝纯净的天空与建筑的玻璃幕墙遥相呼应，轻柔的云层与闪烁的玻璃又彼此照应，阴影、投影，使建筑沐浴在早春和煦的阳光中，远处一双教堂的高耸尖顶，点明了建筑所处上海徐家汇的特定位置。

商业街

　　画面以蓝天、黄墙为主导色块，形成对比，以突出建筑的形体，红色起到装饰作用，衬托出画面的重点。天空先用水粉铺底色，然后用喷笔直接作出白云，喷绘时注意云的走向和形状。建筑用水粉表现其坚实的质感，近景以树、汽车、人物点缀。画面采用了侧逆光的光影效果，表现了商业街的场所感，增加了画面的层次。

图3 上海徐汇区体育活动中心（喷绘、水粉）　浙江省建筑设计研究院　陈红锋

图4 商业街（喷绘、水粉）　天津大学　刘顺校

图5 深圳中华大厦方案（喷绘、水粉） 深圳大学 邹明

深圳中华大厦方案

　　这是一幢128层超高层大厦，场景大，内容多，尺度高。天空的面积比较大，以水粉手绘和喷绘相结合的手法绘制，将建筑周围的环境作概括处理，不求细部刻划，只求大的明暗关系和高低错落的建筑轮廓，集中表现大面积的玻璃幕墙，多面体的转折，构成了明快的光影效果。由于建筑的尺度超高，所以将光影对比减弱，又重点表现下部，尤其是裙房与广场，画了许多细部，寻求一种强烈的大小对比，选择黄绿色泽表现绿化，与蓝天形成对比，展示一个阳光灿烂的南国景观。

郑州百万庄园灯光设计效果图

　　华灯普照，光影婆娑，闪烁多姿的彩色，统一于温暖黄色的氛围中；蓝天黄楼，对比映带，深浅有序的色调，经营于明丽补色的韵律中。

图6 郑州百万庄园灯光设计效果图(水粉)　　郑州工业大学　李昂

图7 方泰大酒店设计方案A(喷绘)　　同济大学　刘宏　张奇

图8　深圳海王大厦夜景（喷绘）　　深圳大学　邹明　战捷

深圳海王大厦夜景

　　这是一幅按景观照明设计要求绘制的表现图。夜景，意在渲染灯光气氛，许多建筑细部和质感都为灯光淡化了，取而代之的是一个强烈的反差和明度对比，而真实照明不可能如此辉煌灿烂，作为表现图，夸张与渲染了这种气氛。

　　夜幕下的蓝天，空寂而无变化，为建筑创造了一个宁静的环境，远处点缀的点点灯光，展示了远近空间感，近景以近乎纯黑的色泽画植物，无细节描绘，只是一种对比关系，以此陪衬建筑的众多细部。

深圳某高层建筑

　　这是座落在深圳"世界之窗"对面的一组高层建筑，环境是一片辉煌的都市之光，夜空几乎用黑色喷了一片大色块，然后加以暖色渲染，使之退晕渐变，并笼罩在一片温暖的氛围中。配景以色块表现，重点部位画了南国风光的椰子树……。黑红色的天空，包围了一片灯火通明的建筑，是色与色的照应，是深与浅的对照。

图9 深圳某高层建筑（喷绘） 深圳大学 邹明

图10 方泰大酒店设计方案B（喷绘） 同济大学 张奇 刘宏

图11 宁乡电力楼实施方案（喷绘、水粉） 湖南大学设计院 谢兵

宁乡电力楼实施方案

画面很像一首蓝色旋律的交响曲。乳白色琴键式的墙面体块，在蓝天的衬托下耀眼夺目，上下退晕的镜面玻璃又与蓝天呼应协和，蓝色冷调显示出现代建筑生动简洁的美感。

甲午海战纪念馆

恶风云翳，惊涛骇浪，典型环境给主体建筑点题。

有似战舰型的纪念馆，能使观者缅怀于一个世纪前的沉重历史，甲午海战既讴歌了我中华将士浴血抗敌的功绩，又揭露了清朝政府妥协投降的劣迹。

北洋纪念门

庄严、稳重，画面在暖绿色树丛的烘托中，突出了一座纪念门。

图12 甲午海战纪念馆（水粉）　　天津大学　章又新

图13 北洋纪念门（水粉）　　天津大学　章又新

图14 古希腊建筑局部（喷绘）　深圳大学　钟乔（学生）

古希腊建筑局部

　　希腊建筑犹如阳光灿烂的白昼，其强烈的艺术感染力符合于形式美的规律，运用一些抽象的几何形体，运用线、面、体各部分的比例、色彩、质感、韵律……等的统一和变化，来获得特有的艺术气氛。我们从希腊建筑最小细部的尺寸和整体建筑的体量之间，找到一些确定的模数体系，这种模数体系控制着希腊神庙的设计，也影响着现代建筑师的设计。此图作者试图通过对古希腊建筑局部——柱式、檐口、山花等来体现这种模数体系的艺术感染力。

天津开发区中国银行外檐装修方案

　　锃亮的不锈钢屋檐，将人们的视线引向了主入口，两扇铜制的大门，又切题的展示了画面的中心，立面上下部玻璃的色相冷暖渐变，给画面构成了一个完美的整体，而暖黄色的石柱，白色的灯基和土红色的台阶，其光滑或粗犷的肌理和质感，又给画面增添了华丽而庄严的气氛。

黄陂县城关镇会议中心

　　云霞满天，温馨祥和。墙面、玻璃、地面处处披罩着彩云的光焰，使画面染上了一层温暖的红色，两侧的零星小树，在霞光的映射下，也似在闪烁生辉。

图15 天津开发区中国银行外檐装修方案(水粉)　　天津大学　王强

图16 黄陂县城关镇会议中心(喷绘、水粉)　　湖南大学　向昊

图17 达声国际投资大厦（喷绘、水粉）　　深圳大学　王一旻

达声国际投资大厦
　　太阳尚未升起，建筑上部被朝霞晖映，下部由于建筑周围环境的遮挡而显得深沉。画面共用晴日和夜景的双重表现手法，建筑沐浴在朦胧的氛围中。
　　画中大量应用了直线笔做出建筑精美的细部，因为传统的"戒尺"确有其局限性。画中的天空、地面等部分都以水粉做底，再以喷绘完善，云朵的表现，利用了硬纸撕成的模板遮挡。

温州市话分局楼
　　黄色、紫色和青色相互对比相映，求得一个和谐而强烈的总体效果。

婚礼宫
　　根据建筑的使用功能确定画面的色调。为了突出婚礼宫喜庆、浪漫的气氛，所以画面以红、黄、蓝三色并置，天空以纯蓝色作退晕，表现了空间的深远，建筑缀以红、黄两色，并与大面积的白灰墙面取得协调。纯色的运用考虑了它们面积的大小和处在画面中的位置，以达到画面色彩的均衡。纯色运用得当，可使画面明快、清爽，具有一种童话般的意趣。

图18 温州市话分局楼（水彩、水粉）　　中国邮电部北京设计院　徐志毅

图19 婚礼宫（喷绘、水粉）　　天津大学　刘顺校

图20 交通大楼（水彩、水粉） 湖南大学 杨晖

交通大楼

　　平静浩瀚的黄色苍穹，出现片片浅色的白色浮云，使天空显得开阔广大。画面采用一点透视法，使平坦地面上的建筑显得特别稳重庄严，而灰色偏蓝的地面与天空补色对比，画面在素雅中不觉沉闷。

某彩电中心设计方案

　　一组群体建筑。在特定的地理环境中，彩电中心主楼及其特有的设施作了合理的布局，并以鸟瞰图反映此中心的全貌。

　　画面的建筑以水粉色精到刻划，着意表现各楼馆的造型和功能，又以红、黄、蓝等诸色区别其性质，并丰富了此建筑群的色彩情趣，四围的草坪、草圃和树丛等，仅以水彩色略作铺陈，以虚衬实，突出主题。

某小区规划

　　一组集商住楼、住宅群、学校、文体设施等的小区规划。

　　画面上各类建筑均缀以白色墙体，处处白色自然统一了画面，又以红色修饰住宅等的屋面，四周的绿化带很贴切的和白色建筑取得谐调，又与红色的屋面形成了色彩的对比。

　　画作场面浩大，内容繁博，但对大量建筑、绿化带、交通工具和人物等都作了细致的刻划，其内容虽多而不杂，虽繁而不碎。

图21　某彩电中心设计方案（水彩、水粉）　　湖南省建筑设计院　张蔚

图22　某小区规划（水粉）　　天津大学　徐磊

图23 华天广场方案（喷绘、水粉） 湖南省建筑设计院 孔忆江

华天广场方案
　　浩瀚辽阔的蓝天白云，衬托了颇具节奏感的灰白色建筑，而且彼此相关照应。在此调和色中，以底层入口、回廊、橱窗的片片深浅黄色和红色，制造了一个色彩中心，形象鲜明，熠熠生辉。
常德卷烟厂高层住宅方案
　　朱红色的屋面美丽醒目，给蓝色调的画面点睛增色，其上下左右布局得当，呼应有序，洁白素雅的墙体，又与蓝色的天空和玻璃幕墙形成强烈对比，使主体建筑明显突出。整幅画面在蓝、白、朱红三色的互比、互补中取得谐调，又在谐调中点缀了局部的色彩高潮。

图24 常德卷烟厂高层住宅方案（喷绘、水粉）　中南勘测设计研究院　傅倩恺

图25 湖南师大教学楼方案（喷绘、水粉）　湖南大学设计院　刘炜

图26 深圳市邮电枢纽大厦（水粉）　　深圳市建筑设计总院第二设计院　陈更新

广东东莞商城

　　水彩渲染，讲究水的韵味，色的隽永。

　　画面上天空、地面、草地、玻璃等，都以水色透明，轻松清新见长，而透明的水色在粗糙的纸面渲染后，又确切地表现了墙面、地面等物象的质感。（水彩）

商贸大厦设计

　　统一调和的蓝色冷调。

　　大面积镜面玻璃闪烁的映射力，白色面砖、灰红花岗石的光滑材质，勾成了此建筑的体量和造型特色。冷色调中出现的漫步行人和远近车辆，都缀以红、黄、青、橙纯色，使本是略现清冷的画面，创设了一派热闹的景象。

图 27　广东东莞商城（水彩）　　深圳市建筑设计总院第二设计院　陈更新

图 28　商贸大厦设计（喷绘、水绘）　　武汉城市建设学院　袁巧生

图29 某国外建筑（水粉）　　北京中国电子工程设计院　蒋昱

某国外建筑

　　画面仅以黑、白、灰三色辅以蓝色，组成色泽简洁的画面，以少胜多地使画面别具一格，并在此冷色调中表现种种物体的质、量、空间感。天、地、玻璃、墙面、网架、管道……，仅在几种简单色泽的变化中现得栩栩如生。

长沙安邦大厦方案

　　白色大厦矗立在蓝色云天的空间之中，明亮清澈的玻璃与颇为规范化的墙面体块形成对比，缓冲了高大体量的压迫感。

　　画面以清新的蓝、白色为基调，适当加设小量暖色块，又配以穿梭的汽车和人流，创造了商业建筑的繁荣气氛。

上海某商城

　　暮色降临，夕阳的余辉尚未退尽，商城的灯光早已处处闪烁，在晚霞和灯光的映射下，缀以灰红的墙面，深褐的地面，红黄相间的广告和地面反射的暗黄色光，构成了一幅暖色的夜景。

图30 长沙安邦大厦方案（喷绘、水粉）　　湖南大学设计院　刘炜

图31 上海某商城（水彩）　　深圳市建筑设计总院第二设计院　陈更新

图32 某广播电视中心大楼（喷绘）　珠海市物业发展公司　张伟

广西人民大会堂北透视

此图表现建筑北面的效果，墙面统一在透明的侧逆光中，强调了墙面的局部阴影，并采取退晕手法，使暗面中增强了光感，消除了沉闷压抑。天空中的飞艇是为了使画面构图取得均衡，也增添了画面的情趣。

长沙邮电大楼方案

此画充分发挥了水彩技法的功能，以清新和轻快的笔法运筹画面，大面积的天空色以水彩干湿结合画法敷色，既呈现湿画法的柔和均匀，又展示干画法的笔法笔触，用水彩表现的玻璃幕墙，与天空色自然呼应，墙面色也以薄水粉色着色，略勾细线，地面色又以水彩色薄涂，使整幅画面显得爽朗明快。

图33 广西人民大会堂北透视（喷绘、水粉）　　同济大学　设计：戴复东　绘图：邓刚

图34 长沙邮电大楼方案（水彩、水粉）　　中国邮电部北京设计院　徐志毅

图35　某写字楼方案（水粉）　　　天津大学　李国庆

某写字楼方案

以灰蓝色的主色调统一画面，镜面玻璃的映照力和水面的倒影相映成趣，浅灰色的建筑在少量投影的布局中产生了光感，深色的水面又巧妙地烘托了建筑，整幅画在同类色的经营中取得调和。

多层住宅设计

以厚薄不同的纯水粉色表现各种不同的物象，又以蓝、黄、橙诸色取得互补和谐调。

河南荥阳某国税征收大厅入口设计

轻柔晴朗的云天，刚健朴质的建筑造型，是柔与刚的对比，突出了建筑的体量和性质。其中又不乏细腻的刻划，主要体现在对墙面、玻璃等质感的表现，而光影和色调的合理布局，使画面更趋完整。

图36 多层住宅设计（水粉）　　湖南大学　李捷

图37 河南荥阳某国税征收大厅入口设计（水粉）　　郑州工业大学　李昂

图38 埃及古柱（水彩）　深圳大学　陈伟航

埃及古柱

　　水彩渲染作为一种建筑语言，它显得含蓄、典雅。

　　水彩渲染过程，犹如一种理性或感性的经营。在色彩层层叠加的过程中，在细细品味建筑细部的显现及变化中，作者可提高色彩的修养及个人的品位，似乎胸襟也豁达了。

　　古埃及两排粗壮的石柱，体现的是力量，阳光下，破损的石头，是历史的见证，光线给这一片石柱赋予感情，阳光只有洒在建筑上才知道它自己的伟大，它是属于它自己的，是永恒的。

佛山市彩电中心方案局部

　　天、地和建筑在深浅不同的灰蓝色中取得统一，小块浅色灰褚的地面、过道、小面积的黄绿色绿化带，穿梭往返的汽车和人物，使原来过于单一的色调，增添了种种不同的色泽。

图39 佛山市彩电中心方案局部（喷绘、水粉）　　湖南省建筑设计院　孔忆江

图40 某县图书馆方案（铅笔）　　湖南大学　谭源

图41　某大厦设计方案（钢笔、马克笔）　　湖南大学　罗朝阳

某大厦设计方案

　　一张浅灰黄纸上以细线、水溶性马克笔略作经营，仅在深浅灰色的对比中创设一个淡雅朴素的色调。

灰汤温泉别墅改造方案

湖南大学复临舍教学楼改造方案

　　以钢笔淡彩表现建筑设计方案，有清丽素雅之趣，比某些精雕细琢的程式化渲染图和电脑图更富艺术魅力。

　　先勾线，后上色，多留纸的空白。上色时不刻意细描，似信手漫涂，在随意落笔中讲究笔趣。这两幅画一以白墙为主体，一以红墙为主体，虽是平展的布局，却产生了两个绝然不同的冷暖色调。

图42 灰汤温泉别墅改造方案（钢笔淡彩）　　湖南大学　设计：王小凡　绘图：张举毅

图43 湖南大学复临舍教学楼改造方案（钢笔淡彩）　　湖南大学　设计：魏春雨　绘图：张举毅

图44 闽南居饭庄（钢笔、水彩、水粉） 华侨大学 姚波

闽南居饭庄

　　此图的主体建筑以钢笔细线审慎画线，旁侧建筑的线色和主体建筑的色彩，都在随意漫涂中求其洒脱不拘之势，不难看出画中有明显的水彩、水粉的用笔之功。

某宾馆

　　水彩色、塑芯水彩笔、水溶性马克笔和彩色铅笔，多种工具混合使用，意在创造一个淡雅朴素的色调，又以颇具韵律感的细线统一画面。

珠海叠石山庄豪华别墅A型

　　小别墅体量不大，可以突破构图的惯例。

　　南国独有的树种和植物，其茂密繁盛的丛林和多姿婆娑的树影，给小别墅创设了一个安适宁静的环境。

图45 某宾馆(水彩、塑芯水彩笔、马克笔)　杭州江南工程设计院　朱意泓

图46 珠海叠石山庄豪华别墅A型　　设计：湖南省建筑设计院　张蔚　绘图：湖南大学　张举毅

图47　别墅(线描)　杭州江南工程设计院　朱意泓

别墅

　　透明清新的水彩色，发挥了薄涂又淋漓的专门技术，以湿画法使水色晕化，确切地表现了天色云层，又以干画法平涂重叠，轻巧的点染了幼树林木，在主体建筑和汽车、人物在透明底色上以线随意勾勒，一幢典雅的小别墅，诞生在清幽宁静的环境中。

某大厦

　　几乎全部是线的组合，单线、双线、排线、交叉的网线……，还有长线、短线。以线的组合，表现了平整光洁的墙面，透亮光滑的玻璃，穿梭行驶的汽车，徘徊流动的人群，还有墙的厚度和投影，地面的水和倒影，这一切的一切，尽量发挥了线的功能，充分显示了线的魅力。

贵州遵义县医院大门区改造工程

　　此为遵义县医院的大门区改造工程，面积约2000m^2。为了使沿街立面不至于太单调，在建筑造型上处理了构架和入口装饰，并根据建筑的功能，对各部分的材料进行了细致的推敲，因此在表现图中着重表现了混凝土、玻璃、花岗石等各种材料之间的对比，尤其是投在玻璃上的投影画得很深，以表现其光影效果。整幅画在明和暗的强烈对比中，创造了一个晴日的气氛。

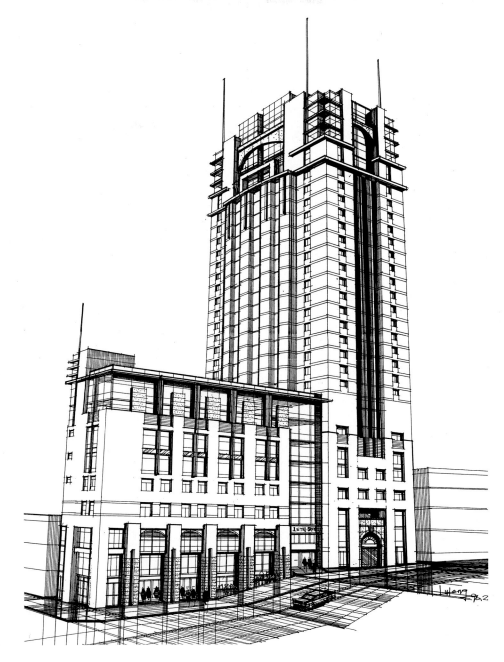

图48 某大厦(钢笔)　重庆建筑大学　卢峰

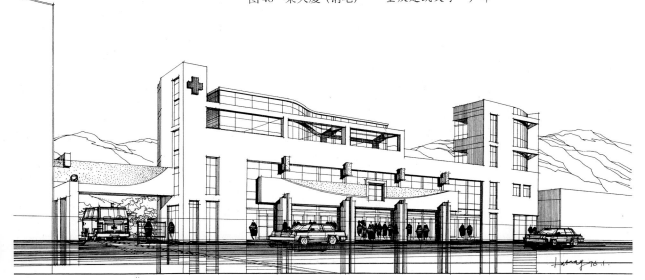

图49 贵州遵义县医院大门区改造工程(钢笔)　重庆建筑大学　卢峰

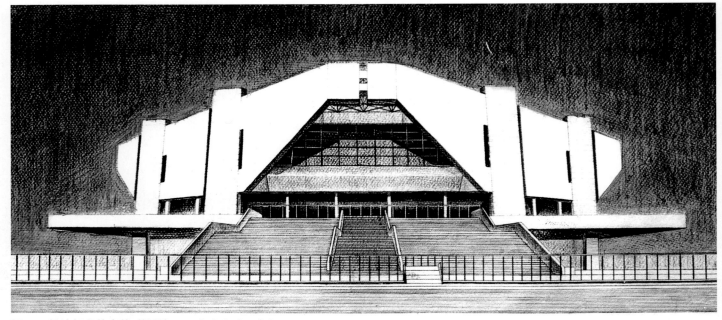

图50　长沙贺龙体育馆（铅笔）　　湖南大学　李颖

图51　荷兰村广场透视（钢笔）　　天津大学　吴晓敏（研究生）

图 52　某商厦（电脑、手绘）　　天津大学　吴晓敏（研究生）

荷兰村广场透视

　　图51人物密集，配景繁密，着重于广场整体环境气氛的塑造，图52以深色树丛烘托纯净的建筑形象，图53则通过排线的疏密，着力于建筑空间远近层次的划分。

　　三幅图面都以远、中、近景不同的物象，不同人物和植物的形态构成空间深远感，并以此烘托主体建筑。作画时先用白描手法确定建筑及配景，又通过调子设定来使图面层次丰富、线色细腻，调子的深入是用排线的逐层叠加达成，又以点的疏密匀称和线的断续有致加强质感的表现，最后调整整个画面的明暗层次。

二、室内效果图

上海新锦江饭店大堂

本图作色时,为了避免颜色对铅笔稿的覆盖,都从局部入手,逐步完成。

图中的地面、墙面、顶面部分,都用喷笔和遮挡纸绘出,而一些面积较小的部分,如绿化、筒灯、钢网架和高光,则用毛笔、水粉笔绘出。为表现一些干净透亮的颜色,底部先铺白色,然后再喷颜色,图中的水池立面和自动扶梯旁的蓝色墙面,表现时在水粉色中加入一些透明水色或彩色墨水,可防止图面喷的过厚,又可提高色彩的纯度。处理好相邻物体在绘图过程中的先后次序,可减少重复和修改。

某银行经理室设计

光影流泻,水色交融,宽敞的厅室处在暖色包围中。浅灰黄天花、深黄壁柜、墙面、灰色红棕地面,缀以棕黄软体沙发……,和谐的暖色系列,在画面上作了充分展示。

图53 室内中庭(钢笔) 天津大学 吴晓敏(研究生)

图54 上海新锦江饭店大堂(喷绘)　　天津美术学院　周泉

图55 某银行经理室设计(喷绘、水粉)　　广东教育学院　陈渐

图56　某办公楼过厅设计（喷绘）　　　天津美术学院　周泉

某办公楼过厅设计

此设计体现了办公楼过厅的空间，具有简洁、干净、明快的特点。其大面积采用黑白作对比，以木色、绿化、绘画、雕塑作点缀，与主体陈设共创一个宁静的环境。

墙面的固有色就空间位置的转移而变化，并受周围光色的影响，先喷固有色，再加颜色变化；柚木墙面用小号笔先勾木纹，再喷出明暗退晕，画出反光；用纯白色画地毯，近处稍喷暖色，用叶筋笔画地毯的毛边和厚度；黑色沙发的侧面用冷灰色，兼作柔和反光，沙发的底部有地毯的反光；地面砖先喷黑色，后加反光，最后用线勾出面砖拼接缝。

图中物体主次分明，整体统一。

某商场室内设计

线型的网架，流泻的体块，似动与静的合奏，似色与形的交叠，在对称平稳的布局中，组成了一个繁荣闹热的商场内景。

图57 某商场室内设计（水粉） 天津大学 章又新

图58 某客厅设计图（钢笔、马克笔、彩铅） 湖南大学 吴志勇

某客厅设计图

　　以钢笔、马克笔、彩铅三种工具组成画面，着意追求轻松洒脱的用笔之趣。图中以沙发、大屏幕彩电基座、一块花岗岩饰物的浓重色彩，与天花、墙面和地面作强烈的明暗对比，在认真的经营中，还表现了地面的倒影效果。门框、灯罩、屏幕等几块艳丽的深黄和湖蓝色，给画面点缀了几处醒目的色彩高潮。

海豚馆方案草图

　　讲线的流畅挺拔，线是"拉"出，不是描出，漫涂几笔浅色水彩，是一幅建筑创作的构思草图。

某娱乐场入口大堂设计

　　此画布局严谨，设色饱和，画面着意刻划各类物象的独具质感，又以色调的明暗对比，色彩的互衬互补，给大堂创设了一个富丽豪华的场面。

　　顶棚、梁柱大胆采用黄色材质，吊顶、地面和柱子以暖棕、灰棕与其取得协调，四围的蓝色玻璃和吊灯上方的蓝色光圈，与黄色材质形成强烈的补色效果。而梁柱的坚挺，圆柱钢材的闪烁，沙发的柔软，地面花岗石的映射……，又似一群材质特性的展示，使一个普通的入口大堂显得格外高雅。

图59　海豚馆方案草图（钢笔淡彩）　　湖南大学　卢健松

图60　某娱乐场入口大堂设计(喷绘)　　中南勘测设计研究院　傅倩恺

图61 北京华威大厦（水粉）　　北京建筑工程学院　高丕基

图62 天津开发区某宾馆大厅休息区设计（水粉）　　天津大学　陈学文

图63 某大厅设计（水彩、水粉） 厦门泛华工程有限公司 郑兆峰

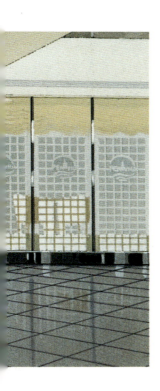

北京华威大厦
　　似潜心经营，似信手挥就，线既随意，笔又奔放。热闹的商场，繁荣兴旺。
某大厅设计
　　颇具寓意的黑色画面，蕴涵着作品内在的意象，单纯黑色胜似有色，它代表了所有物象的质和量。在大面积的黑色布局中，点缀了浅淡的粉绿色植物，并以高大入口处的浅色灰蓝与其呼应，使整幅画面显得高雅脱俗，安适抒情。

81

图64 别墅(塑芯水彩笔)　　杭州江南工程设计院　朱意泓

别墅
建筑和配景都以徒手画线勾勒,用线用色果断奔放,营造一个信手不羁的画面效果。

客厅设计
以暖灰色经营的中式客厅,显得典雅庄重,严谨精到的水粉技法,真实细致地描绘了客厅的空间和室外景观,并创造了一个宁静舒适的环境。画面用色朴素,线条流畅,厅内方形和圆形的灯饰、家具的雕花、地毯的纹样和地面的倒影等,都如实地表现了实物的质地,并确切地反映了中式客厅的气氛。

某银行大厅
此图与图58所用工具基本相同。因是银行大厅,色彩讲求庄重素雅。在表现墙体、方柱、地面色彩和质感的同时,以黄色和紫色彩铅创制了局部补色相映的效果,又融合在周围一片浅淡的环境氛围中。

图65 客厅设计(水粉)　　东南大学　赵慧宁　赵军

图66 某银行大厅（钢笔、马克笔、彩铅）　　湖南大学　吴志勇

图67 北京御花园别墅餐厅(线描)　　北京建筑工程学院　高丕基

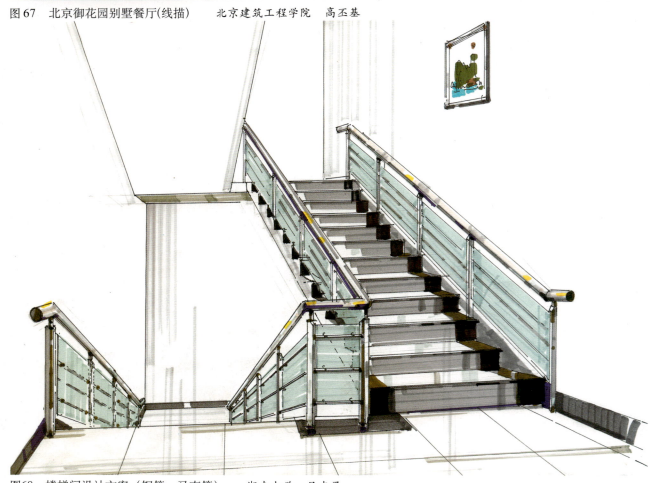

图68 楼梯间设计方案（钢笔、马克笔）　　湖南大学　吴志勇

图69 某旅馆中庭设计方案（水彩、水粉）　　深圳百仕达实业有限公司　李程

北京御花园别墅餐厅

　　透明水色冷暖映衬，索求画面色的意味。

　　浓淡线色参差并置，创制图幅线的情致。

某旅馆中庭设计方案

　　笼罩在巨大玻璃顶棚下的中庭，以光和影潜心经营，展现了一个朦胧而又亲切的高大空间。画面统一在一片亮褐色的宁静气氛中，宽敞的大厅内，置以灯饰、雕塑、植物盆景，给中庭增添了生活气息，可让人们自在的休息、交谈。

图70 烟台某娱乐城餐厅（水彩、水粉）　　同济大学　邓刚

烟台某娱乐城餐厅

此画作于铬黄色的进口水彩纸上，为水彩水粉混合画法。画面的暖部以水彩敷色，亮部用白色水粉提亮，尽量保持水彩纸原有的纯净黄色，这种充分利用原纸色泽的方法，大大加快了作画速度。其中水彩用色很纯，由于色纸的影响，颜色的层次也颇丰富，并使画面容易协调。

中式客厅设计

中式风格的室内设计，整个色调偏于以木本色为主的暖色，以此烘托出一种古朴富丽的气氛，展示了中国的传统特色。

表现时采用了水彩、水粉、油画棒和色粉笔等多种工具，又统一在传统的中国线描技法中。

珠海彩电中心中庭

此图以铅笔勾勒形体，马克笔着色，改变了常规的钢笔勾划轮廓。

此图也可属铅笔淡彩，在统一的铅笔线轮廓内，铺设素雅简洁的浅色，以浅棕、浅绿、灰色构成了和谐的色调，而近处布置了几条灰红的沙发，给画面创制了一个色彩高潮，并表现了中庭特有的气氛。

图71 中式客厅设计（线描）　新疆工学院　杨栋

图72 珠海彩电中心中庭（马克笔）　湖南省建筑设计院　张蔚

图73 客厅设计(马克笔)　　清华大学　王哲

客厅设计

纤细的钢笔线流利畅达，水溶性马克笔色块清澈透明，两幅画面线色交融，明丽轻快，点、线、面的简洁形式，表现了墙面、石柱、玻璃、木质板材、布帛、金属等诸多材质，或光滑闪烁，或厚实柔软，以略具抽象的概念，使观者对画面物象形成具体的视觉印象。

图74 餐厅设计（马克笔） 清华大学 王哲

三、电脑效果图

图75 某写字楼(电脑)　深圳市建筑设计总院第二设计院　李力

某写字楼

纯粹的装饰性色彩，以灰红、灰绿、灰黑经营画面，红、绿相补，在大色调中取得变化，又处处出现灰黑色，以此统一画面色调。

图76 某商业街夜景（电脑） 深圳市建筑设计总院第二设计院 陈晖

图 78　东莞计量局办公大楼（电脑）　　深圳市建筑设计总院第二设计院　陈晖

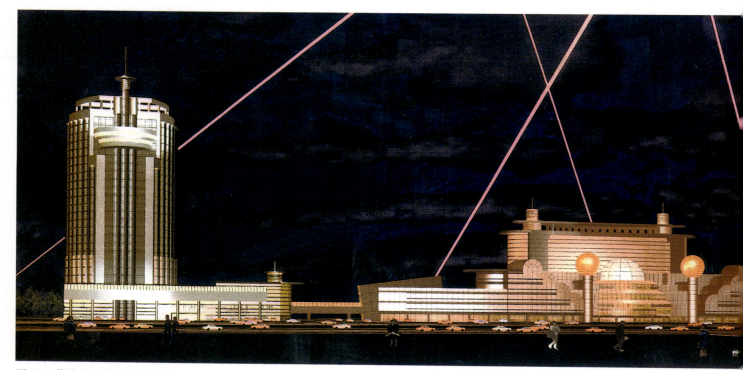

图 77　世界花园商业城（电脑）　　深圳市建筑设计总院第二设计院　李力

图79 某商厦（电脑）　深圳市建筑设计总院第二设计院　李力

东莞计量局办公大楼

以暗蓝表示晴空，片片粉紫、粉蓝的浮云与蓝天相得益彰。主体建筑灰蓝和蓝紫色的玻璃，粉蓝的构架，都与天空相应调和，墙体由浅黄向浅红紫色渐变，又与天空互补照应，而主体柱状的玻璃高光，给画面制造了一个趣味中心，其它毗邻建筑和纷繁的配景，都在主色调的支配下发挥各自的色彩作用。

世界花园商业城

电脑建筑画所赋予的色彩效果，非一般绘画色彩所能比拟。此比拟，非指色彩水平之高低，而是指两者因制作工具和方法不一，画面产生的效果，已非一般概念的产物。电脑建筑画的作品近于照片或印刷品，故画面所示色彩，很多为绘画所难以仿效之。此两幅夜景图的天空和地面，一为纯黑色，一为极深的棕红色，因略具装饰效果，在画面上运用却不现沉闷，两幅画又都在粉红、粉黄、橙色、白色的呼应中，取得高度统一。虽然图76中出现了绿、蓝、紫等色，但因有大面积黑色或深棕红色的统筹，谐调中又显得缤纷灿烂。而图77则在黑色中的红色、黄色灯光显得更为谐调。

某商厦

主体建筑以浅黄的墙体和粉蓝的镜面玻璃作补色相配，取得强烈的对比效果。其它环境中诸色泽，与主体建筑色或相邻，或谐调，或互补，共同构成一个中间色的暖调。

镜面玻璃映射的层层建筑似隐若现，其含蓄的光影效果，真是电脑所示的特长。

图80 深圳达声国际投资大厦方案（电脑） 深圳市建筑设计总院第二设计院 陈晖 罗锦维

深圳达声国际投资大厦方案

　　这是一幅中间偏暖色调的作品，无强烈的明暗对比，也无鲜丽的色彩铺设，柔和温馨的色调，给画面创设一种特有的情调。

　　主体建筑暖灰偏红的色泽，真实的表现了面砖的材质，隐约可见的玻璃幕墙上的浮云，确似镜面玻璃的质地，宽阔马路上含蓄的倒影，反映了喷水车刚过去的清爽环境，远近的树丛、草丛、草坪和漫步的行人，又给画面创设了一个安详宁静的氛围。

94